SCIENCE
&
HUMANITIES

数学的统一性

阿蒂亚的数学观

◆◆◆—— 数学家思想文库

丛书主编　李文林

[英] M.F.阿蒂亚 / 著

袁向东 等 / 编译

The Unity
of Mathematics

M.F.Atiyah's View of Mathematics

大连理工大学出版社

Dalian University of Technology Press

图书在版编目(CIP)数据

数学的统一性：阿蒂亚的数学观／（英）M.F.阿蒂
亚著；袁向东等编译. -- 大连：大连理工大学出版社，
2023.2

（数学家思想文库／李文林主编）

ISBN 978-7-5685-4011-7

Ⅰ.①数… Ⅱ.①M… ②袁… Ⅲ.①数学－文集
Ⅳ.①O1-53

中国国家版本馆 CIP 数据核字(2023)第 015941 号

SHUXUE DE TONGYIXING：ADIYA DE SHUXUEGUAN

大连理工大学出版社出版

地址：大连市软件园路 80 号　邮政编码：116023
发行：0411-84708842　邮购：0411-84708943　传真：0411-84701466
E-mail：dutp@dutp.cn　URL：https://www.dutp.cn

辽宁新华印务有限公司印刷　　　　　　大连理工大学出版社发行

幅面尺寸：147mm×210mm　插页：2　印张：6.875　字数：136 千字
2023 年 2 月第 1 版　　　　　　　　2023 年 2 月第 1 次印刷

责任编辑：王　伟　　　　　　　　　　责任校对：李宏艳
　　　　　　　　封面设计：冀贵收

ISBN 978-7-5685-4011-7　　　　　　　　定　价：69.00 元

合辑前言

"数学家思想文库"第一辑出版于 2009 年,2021 年完成第二辑。现在出版社决定将一、二辑合璧精装推出,十位富有代表性的现代数学家汇聚一堂,讲述数学的本质、数学的意义与价值,传授数学创新的方法与精神……大师心得,原汁原味。关于编辑出版"数学家思想文库"的宗旨与意义,笔者在第一、二辑总序"读读大师,走近数学"中已做了详细论说,这里不再复述。

当前,我们的国家正在向第二个百年奋斗目标奋进。在以创新驱动的中华民族伟大复兴中,传播普及科学文化,提高全民科学素质,具有重大战略意义。我们衷心希望,"数学家思想文库"合辑的出版,能够在传播数学文化、弘扬科学精神的现代化事业中继续放射光和热。

合辑除了进行必要的文字修订外,对每集都增配了相关数学家活动的图片,个别集还增加了可读性较强的附录,使严肃的数学文库增添了生动活泼的气息。

从第一辑初版到现在的合辑,经历了十余年的光阴。其间有编译者的辛勤付出,有出版社的锲而不舍,更有广大读者的支持斧正。面对着眼前即将面世的十册合辑清样,笔者与编辑共生欣慰与感慨,同时也觉得意犹未尽,我们将继续耕耘!

李文林

2022 年 11 月于北京中关村

读读大师　走近数学

——"数学家思想文库"总序

数学思想是数学家的灵魂

数学思想是数学家的灵魂。试想:离开公理化思想,何谈欧几里得、希尔伯特? 没有数形结合思想,笛卡儿焉在? 没有数学结构思想,怎论布尔巴基学派? ……

数学家的数学思想当然首先体现在他们的创新性数学研究之中,包括他们提出的新概念、新理论、新方法。牛顿、莱布尼茨的微积分思想,高斯、波约、罗巴切夫斯基的非欧几何思想,伽罗瓦"群"的概念,哥德尔不完全性定理与图灵机,纳什均衡理论,等等,汇成了波澜壮阔的数学思想海洋,构成了人类思想史上不可磨灭的篇章。

数学家们的数学观也属于数学思想的范畴,这包括他们对数学的本质、特点、意义和价值的认识,对数学知识来源及其与人类其他知识领域的关系的看法,以及科学方法论方面的见解,等等。当然,在这些问题上,古往今来数学家们的意见是很不相同,有时甚至是对立的。但正是这些不同的声音,合成了理性思维的交响乐。

正如人们通过绘画或乐曲来认识和鉴赏画家或作曲家一样，数学家的数学思想无疑是人们了解数学家和评价数学家的主要依据，也是数学家贡献于人类和人们要向数学家求知的主要内容。在这个意义上我们可以说：

"数学家思，故数学家在。"

数学思想的社会意义

数学思想是不是只有数学家才需要具备呢？当然不是。数学是自然科学、技术科学与人文社会科学的基础，这一点已越来越成为当今社会的共识。数学的这种基础地位，首先是由于它作为科学的语言和工具而在人类几乎一切知识领域获得日益广泛的应用，但更重要的恐怕还在于数学对于人类社会的文化功能，即培养发展人的思维能力，特别是精密思维能力。一个人不管将来从事何种职业，思维能力都可以说是无形的资本，而数学恰恰是锻炼这种思维能力的"体操"。这正是为什么数学会成为每个受教育的人一生中需要学习时间最长的学科之一。这并不是说我们在学校中学习过的每一个具体的数学知识点都会在日后的生活与工作中派上用处，数学对一个人终身发展的影响主要在于思维方式。以欧几里得几何为例，我们在学校里学过的大多数几何定理日后大概很少直接有用甚或基本不用，但欧氏几何严格的演绎思想和推理方法却在造就各行各业的精英人才方面

有着毋庸否定的意义。事实上,从牛顿的《自然哲学的数学
原理》到爱因斯坦的相对论著作,从法国大革命的《人权宣
言》到马克思的《资本论》,乃至现代诺贝尔经济学奖得主们
的论著中,我们都不难看到欧几里得的身影。另一方面,数
学的定量化思想更是以空前的广度与深度向人类几乎所有
的知识领域渗透。数学,从严密的论证到精确的计算,为人
类提供了精密思维的典范。

一个戏剧性的例子是在现代计算机设计中扮演关键角
色的"程序内存"概念或"程序自动化"思想。我们知道,第一
台电子计算机(ENIAC)在制成之初,由于计算速度的提高与
人工编制程序的迟缓之间的尖锐矛盾而濒于夭折。在这一
关键时刻,恰恰是数学家冯·诺依曼提出的"程序内存"概念
拯救了人类这一伟大的技术发明。直到今天,计算机设计的
基本原理仍然遵循着冯·诺依曼的主要思想。冯·诺依曼
因此被尊为"计算机之父"(虽然现在知道他并不是历史上提
出此种想法的唯一数学家)。像"程序内存"这样似乎并非
"数学"的概念,却要等待数学家并且是冯·诺依曼这样的大
数学家的头脑来创造,这难道不耐人寻味吗?

因此,我们可以说,数学家的数学思想是全社会的财富。
数学的传播与普及,除了具体数学知识的传播与普及,更实
质性的是数学思想的传播与普及。在科学技术日益数学化
的今天,这已越来越成为一种社会需要了。试设想:如果越

来越多的公民能够或多或少地运用数学的思维方式来思考和处理问题,那将会是怎样一幅社会进步的前景啊!

读读大师 走近数学

数学是数与形的艺术,数学家们的创造性思维是鲜活的,既不会墨守成规,也不可能作为被生搬硬套的教条。了解数学家的数学思想当然可以通过不同的途径,而阅读数学家特别是数学大师的原始著述大概是最直接、可靠和富有成效的做法。

数学家们的著述大体有两类。大量的当然是他们论述自己的数学理论与方法的专著。对于致力于真正原创性研究的数学工作者来说,那些数学大师的原创性著作无疑是最生动的教材。拉普拉斯就常常对年轻人说:"读读欧拉,读读欧拉,他是我们所有人的老师。"拉普拉斯这里所说的"所有人",恐怕主要是指专业的数学家和力学家,一般人很难问津。

数学家们另一类著述则面向更为广泛的读者,有的就是直接面向公众的。这些著述包括数学家们数学观的论说与阐释(用哈代的话说就是"关于数学"的论述),也包括对数学知识和他们自己的数学创造的通俗介绍。这类著述与"板起面孔讲数学"的专著不同,具有较大的可读性,易于为公众接受,其中不乏脍炙人口的名篇佳作。有意思的是,一些数学大师往往也是语言大师,如果把写作看作语言的艺术,他们的这些作品正体现了数学与艺术的统一。阅读这些名篇佳作，不啻是一种艺术享受，人们在享受之际认识数学，了解数学，接受数学思想的熏陶，感受数学文化的魅力。这正是我们编译出版这套"数学家思想文库"的目的所在。

"数学家思想文库"选择国外近现代数学史上一些著名数学家论述数学的代表性作品，专人专集，陆续编译，分辑出版，以飨读者。第一辑编译的是 D. 希尔伯特（D. Hilbert，1862—1943）、G. 哈代（G. Hardy，1877—1947）、J. 冯·诺依曼（J. von Neumann，1903—1957）、布尔巴基（Bourbaki，1935—　）、M. F. 阿蒂亚（M. F. Atiyah，1929—2019）等 20 世纪数学大师的文集（其中哈代、布尔巴基与阿蒂亚的文集属再版）。第一辑出版后获得了广大读者的欢迎，多次重印。受此鼓舞，我们续编了"数学家思想文库"第二辑。第二辑选编了 F. 克莱因（F. Klein，1849—1925）、H. 外尔（H. Weyl，1885—1955）、A. N. 柯尔莫戈洛夫（A. N. Kolmogorov，1903—1987）、华罗庚（1910—1985）、陈省身（1911—2004）等数学巨匠的著述。这些文集中的作品大都短小精练，魅力四射，充满科学的真知灼见，在国内外流传颇广。相对而言，这些作品可以说是数学思想海洋中的珍奇贝壳、数学百花园中的美丽花束。

我们并不奢望这样一些"贝壳"和"花束"能够扭转功利的时潮，但我们相信爱因斯坦在纪念牛顿时所说的话：

"理解力的产品要比喧嚷纷扰的世代经久，它能经历好多个世纪而继续发出光和热。"

我们衷心希望本套丛书所选编的数学大师们"理解力的产品"能够在传播数学思想、弘扬科学文化的现代化事业中放射光和热。

读读大师，走近数学，所有的人都会开卷受益。

李文林

（中科院数学与系统科学研究院研究员）

2021 年 7 月于北京中关村

序

我在很多场合做过通俗演讲,其中有些已经出版。通俗的程度则随听众的情况而定:在某些场合,我演讲的对象是职业数学家;而在另一些场合,我是报告厅里唯一的数学家。做这类通俗演讲(有时还得把它们写出来)是很难的。比起通常的讨论班上的报告,我需要对素材和表达方式有更多的思考。

文章"代数拓扑在数学中的作用"是在伦敦数学会100周年纪念会上的讲演,它给了我一个阐述我对代数拓扑看法的机会。我从未接受过拓扑学家应该接受的正统训练,所以我倾向于把拓扑视为一种有力的工具,它应该被更广泛地理解和使用。我的演讲就是依此观点提出的呼吁。

1968年,在波恩大学成立150周年之际,我被该校授予了荣誉学位。对此我当然非常高兴,特别是因为我与希策布鲁赫及其工作团队有密切交往。不过当我得知必须在学校中包括全体科学家在内的教授会上做报告时,就不那么兴奋了。我尽我之所能,用极其概括的措辞,说明诸如对称性、连续性和随机性这样一些一般性的概念,为什么目前在数学中如此重要。我的讲演内容原是用英文写的,在译成德文时适当添加了一些图形(见"数学的变迁和进展")。后经希策布鲁赫提议,发表在一份印制精美的通俗科学杂志上。

我在数学及其应用学会(The Institute of Mathematics and Its Application,IMA)的演讲("如何进行研究")中,阐述了对数学研究的类型及风格的哲学观。文章基本上是根据录音整理而成的,所以行文显得松散和啰嗦,没有深刻的或会引起争论的内容。

1975年,我被邀请在皇家学会所设的贝克(Baker)讲座上做报告("大范围几何学")。我查遍该讲座过去的报告人记录,未发现任何属于我的前辈的纯粹数学家。这一次更肯定了我的看法,即向一般的科学家听众演讲,对于数学家来说是项艰巨的任务。一方面,你不能摆出屈尊俯就的架势向这些著名的科学家说教,讲演的内容又应包含相当分量的知识;另一方面,大多数科学家,特别是生物学方面的科学家,可能仅了解最基础的经典数学。我该如何应对这种困境?思考良久,我决定集中讨论人人都熟悉的代数方程,讲述一般的结构和概念,并以A. 韦伊(A. Weil)的一些猜想做结尾。事先把讲演内容逐字逐句地写下来,然后再去念稿子,真是太难了,我还从来没有花过那么长的时间来准备一篇讲稿……

1976年,我在卡尔斯鲁厄(Karlsruhe)举行的国际数学教育会议(ICME)上受邀做大会报告("纯粹数学的历史走向")。听众中大部分是中学教师,还有一些对数学教育感兴趣的人。很清楚,这又是一次粗线条地描述数学的机会。我试图把现代数学的发展融入某种历史的进程。我知道在中学里,讲(或者做)现代数学时一直存在大量的错误,所以我觉得应该来澄清现代数学为何物,以消除误会。

1973 年,我从普林斯顿回国,进入了伦敦数学会的理事会。1974—1976 年,我担任该理事会主席,其最后一项义务是发表主席演讲。这是一个非常特殊和具有挑战性的机会。就我个人而言,因听众中有我的夫人和儿子,他们都受过数学训练,所以挑战味儿就更浓了!我决定用非常简单和基础的例子,展现数学中某些重要和深刻的进展。我的主要演讲发表时,基本上跟讲稿一样("数学的统一性"),这是我遵循的一条原则。我抵制了扩充或改进已公开的讲稿的诱惑,相信不追求形式的演讲更值得推荐。数学出版物难读难懂、过于形式化、学究味重的现象已司空见惯,常使读者可望而不可即。

数学联合会(The Mathematical Association)长期以来形成一种传统:交替从大学和中学中选择主席。1981—1982 年我出任主席,此后有一段时间,我处理教育相关事务的时间增加了,并在担任科克罗夫特委员会(Cockcroft Committee)成员时达到了顶点。这是通过滚雪球的方式变成"专家"的极好例证。参加一个委员会就给你增加一个受到信任的凭证,于是导致下一个委员会的仿效。作为主席,在就职演说中常会谈到教育政策,通常还会严厉批评当时的政府。我因并未感到处理这些事务有什么权威,所以在演说("什么是几何")中替几何说了些话。我的所有研究一直都不隐晦其几何风味,所以我试图解释我的几何观,并使用中学老师能理解的语言,这也许对课堂教学有用。

对我的访问记("阿蒂亚访问记")是由米尼奥(Minio)撰写的,很难说是我的著作,但是它以朴实和无拘无束的形式表达了我对许多数学论题的观点。要是裁去此文可能让人觉得审查未获通过! 当然,某些临场发挥的话未免有些荒唐,特别是我对有限单群分类的评论已作为一项"暴行"记录在案。要是不想收回说过的任何话,我尽可以使用更多的外交辞令,写出的文章也会更加"四平八稳"。也许,我应在此说出我的信念:在寻找分类方面的最重要成果是发现了魔群。这显然是具有神秘色彩的对象,跟诸如模形式这类重要的课题有深刻的联系,需要我们彻底理解。

在和米尼奥的谈话中,我曾赞许地评论过诺贝尔奖中未设数学方面的奖。具有讽刺意味的是,不久就听说我被授予由意大利科学院(The Lincei)设立的费尔特里内利奖(Feltrinelli Prize)。此奖虽无诺贝尔奖的盛名和骂名,奖金却可与之匹敌。曾被授予此奖的数学前辈有 J. 阿达玛(J. Hadamard)、S. 莱夫谢茨(S. Lefschetz)和 J. 勒雷(J. Leray),我将与名流为伍。授奖仪式在罗马举行,并由意大利共和国总统颁奖,同时,要求我做 25 分钟左右的演讲,介绍自己的工作。这是个严肃的任务,我思考良久。我应该概述我的数学工作,又不能让意大利科学院尊贵的听众完全无法理解。最后,我怀着某种顾虑写出了讲稿("我的数学工作"),然后带着我的夫人一起去罗马领奖。很幸运,罗马不是斯德哥尔摩,意大利人有不同的授奖方式。仪式上穿制服的卫兵令人难以忘怀，大厅布置得富丽堂皇。佩尔蒂尼（Pertini）总统也准时到会。然而，随着议程一项项进行，时间不够了，总统还有其他国务活动要参加，结果要求我把那篇精心准备的演讲压缩到 10 分钟！我匆忙地决定选择某些段落来讲。现在我已经记不得我略去了哪些，但无疑我会把数学味较浓的那点东西省去。这在某种程度上使我如释重负，所以，从本质上讲我没有完成这次演讲。现在刊出这篇讲稿的目的是极简要地对我的全集中的文章做一概述。

1983 年 10 月，在庆祝高等科学研究所（Institut des Hautes Scientifiques）成立 25 周年之时，作为与该研究所的发展有密切联系的一份子，我参加了庆祝会，并做了一个科学演讲（会上共邀请我做三个科学报告，我勉强摆脱了要我做一个正式的行政报告的要求！）。我选择概述当前几何与分析的相互作用这样一个主题（"20 世纪 80 年代的分析和几何"）。我的选择部分起因于如下事实：华沙国际数学家大会上有三位菲尔兹奖得主：孔涅（Connes）、瑟斯顿（Thurston）和丘成桐，他们全都在这一领域工作。我还提到唐纳森（Donaldson）、弗里德曼（Freedmann）的工作；我倒并不是有多高明的预见，着意去猜测他们会是下一届国际数学家大会上的菲尔兹奖得主。

乔治·奥威尔（George Orwell）的《1984 年》给我们的时代带来一个冲击，该书预言这一年终将伴随某种灾祸到来。有人劝说我（并非我的主见）参加在瑞士洛迦诺（Locarno）举行的公众集会，来自不同领域的讲演者被邀对 1984 年的挑战做出各自的说明。我发现自己身处一群不一般的著名人物之中。能认识著名的哲学家卡尔·波普爵士（Sir Karl Popper），能跟约翰·埃克尔斯爵士（Sir John Eceles）会面——他与霍奇金（Hodgkin）和赫克斯利（Huxley）因生理学方面的成就共同获得诺贝尔奖，我确实很高兴。然而，在一般公众的眼里，这是一个严肃的挑战。尽管我准备了一篇精心推敲的报告，从一个数学家的眼光看待计算机革命（"数学与计算机革命"），但我仍怀疑听众会不会喜欢。会议记录最终由一份意大利杂志发表了。因国际数学教育委员会（ICMI）主席卡亨（Kahane）的建议，此文提交给了有关计算机和数学教育的一个会议，也许因此使文章到了更关心这些问题的读者手中。

1983 年，我在法国的科尔马参加由欧洲科学基金会（European Science Foundation）组织的一次小型会议，听众并非同一专业的专家，做演讲更感棘手。与会者是来自各个学科的代表，从生物学到艺术史都有，他们都试图描述自己领域中那些所谓进步的特征；用于评价"进步"的标准到底是什么？这次会议开得认真而有趣，大家都很投入。文章都是事先写好并传阅过的，在会上又经解释和讨论，所以实际上我并不是在发表自己的稿子（"鉴别数学进步之我见"）。我对数学发展状态的分析，许多都是在重复我以前文章中的观点，不过它也许是我的数学观——对数学及其在社会中的地位的看法——经过最精心推敲的版本。

M. F. 阿蒂亚

译者序

M. F. 阿蒂亚（M. F. Atiyah）是英国当代著名数学家。1990 年，他以一名纯粹数学家的身份，被推举为英国皇家学会会长、剑桥大学三一学院院长以及牛顿数学科学研究所所长。这种集三位于一体的荣誉，在英国科学史上实属罕见。

阿蒂亚于 1929 年生于伦敦，少年时随父亲去非洲，在开罗的维多利亚学校读书。中学时代就读于曼彻斯特语法学校。后入伦敦剑桥大学攻读数学专业，1952 年毕业，1955 年获博士学位。此后他便开始了教书和研究生涯，按部就班地从助教（1957）、讲师（1958）、副教授（1961）升至教授（1963）。

阿蒂亚的名声得自他杰出的数学成就。他的研究涉及从拓扑、几何、微分方程到数学物理的众多领域，反映了当代数学发展中学科交叉的特色，他尤其擅长带有几何特征的研究课题。阿蒂亚最突出的业绩当属拓扑 K-理论［与希策布鲁赫（Hirzebruch）合作］、复流形上椭圆算子的指标定理［与辛格（Singer）合作］以及对与莱夫谢茨（Lefschetz）公式有关的不动点定理的证明［与博特（Bott）合作］，他因此获得了 1966

年的菲尔兹(Fields)奖——自 1936 年以来，这一直是数学界的最高荣誉。他的上述成果皆与他人合作，这是他的研究方式的一个特点。阿蒂亚认为，合作"是做研究工作最为适宜和令人鼓舞的方式"，"深奥而又难以理解的数学，由于相互交流而有了生气"，当研究内容涉及多个领域时，"也必须要同他人进行合作"。

阿蒂亚除研究工作之外，还发表了不少通俗作品，阐释了对数学整体性的看法，概述数学某些分支的历史和现状，纵论数学与物理、数学与计算机的互相影响，为振兴衰落中的几何教育呐喊……对这些围绕数学的本质、数学的演化特征、数学与科学及社会的关系等问题的看法，向来都是仁者见仁，智者见智。他的见解自然受到其实践活动的制约，但其中确实不乏精彩独到之处。本书就是向读者介绍他的主要数学观点。我们相信，阿蒂亚的"一家之见"颇具启示作用。

本书共收入阿蒂亚的 13 篇通俗文章（包括 1 篇对他的访问记），原文陆续问世于 1966—1988 年。其中有 6 篇（"数学的统一性""阿蒂亚访问记""20 世纪 80 年代的分析和几何""数学与计算机革命""鉴别数学进步之我见""物理对几何的影响"）曾在中国科学院数学研究所主办的期刊《数学译林》上刊出过中译文，此次转载仅做了个别文字修改；其余7篇是新译作品。我们谨向《数学译林》及所有译、校者表示感谢。此外，除"物理对几何的影响"外的所有原文皆已收入《阿蒂亚全集》(第 1 卷)(*Michael Atiyah Collected Works*, Vol.
Ⅰ. Oxford Science Publications,1998)。阿蒂亚对收入第 1
卷的通俗文章一一做过介绍,我们将相关的介绍译出作为本
书的序,这将有助于读者了解文章的背景。"物理对几何的
影响"则收于《阿蒂亚全集》(第 6 卷)。应该指出,阿蒂亚还有
若干非专题数学论文,但是或因内容显得专门,或因一时未
能寻到手而未能收入本书。当然本书篇幅的限制也是割爱
的一个原因。

　　在选择入集文章时,戴新身教授曾向编者提过有益的建
议,特此致谢。大连理工大学出版社在当前形势下毅然决定
组织出版此类书稿的眼力和效率,也使编者深感钦佩。

袁向东

2021 年 4 月

目　录

代数拓扑在数学中的作用①

拓扑学的起源与技巧

一百年前这个学会创建之初,拓扑学几乎还不存在。而今,它已赫然处在数学的中心位置,其影响扩展到了所有的方向。现在似乎正是一个合适的时机去试图了解它是怎样产生的,并试图描述出拓扑学与其他较为古老的数学分支之间的那些复杂的、引人入胜的相互作用的粗略轮廓。

倘若回顾一下 19 世纪,我们就可以辨认出一些能够充作拓扑学发源的思想和成果。然而,如果说具有拓扑思想的最富意义的例子产生于代数函数的黎曼(Riemann)面理论,那大概是不会错的。就让我们从简要地描述这个例子开始吧。

我们从在复射影平面上的(非异)代数曲线着手。它定义了一个紧黎曼面,承载它的是一个实的二维微分流形,而最下面的是它的承载拓扑空间。换句话说,我们有了一个分

① 原题:The Role of Algebraic Topology in Mathematics。本文译自:Journal London Math. Soc. ,1966,41,p. 63-69。这是阿蒂亚为伦敦数学会成立一百周年纪念作的演讲。

层结构：

$$代数的 \to 全纯的 \to 可微的 \to 拓扑的$$

对这种情形，我们可以提出两个基本问题。首先，什么是这个承载拓扑空间的不变量；其次，怎样用它的"上层结构"来解释这些不变量。在我们这个特殊的例子中，本质上只有一个曲面拓扑不变量，即亏格（或者说，环柄的个数）。这个理论的经典结果告诉我们，这个数就是黎曼面的全纯（或代数）微分空间的维数。这是用代数或全纯结构解释了亏格 g。而著名的高斯（Gauss）定理说，曲面的曲率积分等于 $2-2g$。而它可以看作用微分结构给出 g 的一个令人满意的解释。

将代数函数论推广到高维情形一直是过去一百年来的主要数学热点。这方面的进展总是与拓扑学的发展紧密相连。目前，寻找拓扑不变量的解析含义这种一般性的问题已在层论中发现了它的一个最令人满意的构架。粗略地可以描述如下。在相当早的阶段，拓扑学家们已经认识到，考虑不单使用整数为系数而是以一般群作系数的同调论是有用的。而在层论中，人们不仅使用常数而且使用某些指定类型的函数作系数，例如全纯函数。因此，所得到的上同调群不但是承载空间的不变量而且是上层结构的不变量。如此一来，拓扑的问题与解析的问题就融合在一起了。

　　相对于前面简要提及的拓扑学由其他学科产生的方式，我们考虑问题的另一个方面，并提出如下问题：什么是拓扑学的问题，如何解决它们？拓扑学的基本问题是同伦。给定两个拓扑空间 X 及 Y，考虑它们之间的所有连续映射 $f: X \to Y$。我们想要在同伦的意义下，即在连续形变下，将它们分类。处理这个问题的首要步骤是**逼近**。由于连续映射不好处理，我们想根据不同的要求将它用不同的但是较小的且较易于处理的映射类去代替、去置换。对多面体我们用**逐段线性映射**，对微分流形我们用**可微映射**，而对代数簇则可以（有时）用多项式。在作了逼近之后，我们就必须使用那些适合于这种函数类的技巧，从而把我们又带回到代数或分析中。由此可知，拓扑学不仅在灵感的获得上而且在解决问题的技巧上都必须依赖于其他的数学分支。

　　在上述三类逼近中，最重要的一类是逐段线性映射，这是因为它有最广泛的应用范畴。这时所需要的技巧是组合数学或代数学。然而，由于代数学家没有事先发展出这种代数，那么就只好由拓扑学家来创建他们自己的代数了。这些为拓扑学而创立并发展起来的代数技巧已被证实对于纯代数学的许多分支具有相当基本的重要性。这一点正是我所讲述的这个故事中非常引人注目的一个部分。为了清楚地说明这一点，让我给出三个例子，它们都是属于那种被称作连续性对离散性的影响的东西。

拓扑学对代数学的影响

就从有限群谈起。再没有比有限群更为离散的了,那么群论学家有理由认为拓扑学没有对他的学科做出任何贡献。当然,从相反的一面而言,他乐于承认群论应该用于拓扑学。离散群出现在拓扑中的最重要的方式是空间的基本群(闭路径的群):每一个具体给定基点的拓扑空间 X 决定了一个离散群 G。我们来把这个过程反过来。给出一个群 G,然后去构造这个 X。自然,这个 X 不会是唯一的。但是如果我们对 X 加上额外的条件,即它的万有复叠空间是可收缩的,那 X 就在同伦意义下唯一确定。于是,X 的任一同伦不变量必是 G 的一个不变量。特别地,X 的同调群定义了一些阿贝尔(Abel)群,我们称它们为 G 的同调群。一维同调群就是 G 对它的交换子子群的商群,而高维同调群则是 G 的新的不变量。自然,只要经由拓扑学家观察处理,我们就可以立刻找到一种纯粹的代数解释。我们不难得到 X 的组合实现,从而可以得到所要的代数定义。

有限群的同调论已被证实具有相当大的代数意义。其最令人惊讶的成就是在代数数论中,那里,同调的格式被证实为具有处理类域论的最自然的构架。

第二个例子,我们考察李(Lie)代数。先简短回忆一下:李代数是域 k 上的一个向量空间(通常假定为有限维),在它上面有一个满足某些恒等式的双线性乘法 $[X,Y]$。如果 k 是实或复域，则李代数就是某个李群的无穷小部分。L 与 G 从本质上说是相互决定的。特别地，李群 G 是一个拓扑空间，故而有同调群。这些也是 L 的不变量。像前面一样，我们来寻找这些同调群的纯代数描述。然而在这里，组合的方法是不合适的；取而代之的是由微分几何给出一个解决办法。这一点并不奇怪，因为李群从来就与微分几何紧密相连。总而言之，我们最终还是有了一个李代数的同调群的一个纯代数定义，它适合于任意域。这些群已证实具有某种重要性，尽管并不像在有限群的情形那样使人有极强烈的印象。

我的第三个也是最后一个例子，要转向代数几何学。将前面提到的代数曲线情形加以推广，我们可以对任一定义在复域上的代数簇考察它的承载拓扑空间，从而这个空间的同调群就是这个簇的不变量。我们需要它们的一个纯代数定义。对于维数大于一的簇，这是一个十分难的问题。然而正如韦尔多年前指出的那样，同调群的一个纯代数的定义将会在研究**有限域**上定义的代数簇的点的个数这个问题上有显著的应用。因为这些强有力的应用，故而同调群的"代数化"这个问题仍然是一个经常性的挑战。格罗滕迪克（Grothendieck）数年前给出了这个问题的一个解答，这是一个引人注目的成就。格罗滕迪克不但使用了代数拓扑的各种现成的方法，而且还用了一些全新的想法。

对于这些例子，我来作两点一般性评论。第一，为了实现类似于连续形变的离散的代数步骤，人们将不得不引进某些很大的、"柔软"的代数对象——这与经典代数的刚性结构十分不同。没有拓扑直观的帮助，引进这些对象并选择正确的技巧就会被长时间推迟。这点似乎是完全清楚的了。我的第二点评论与代数几何有关。在整个同调代数（这个词汇包括了所有上面提到的三个例子）中，人们构造连续性的离散性类比并且模仿了拓扑步骤。然而在代数几何中情况却更进了一步：不仅有模拟而且在语言上是相同的。这是由于使用了著名的扎里斯基（Zariski）拓扑，其中闭集是那些代数子簇。这个粗糙的拓扑能在真正的数学中起作用，这一点首先由塞尔（Serre）所证实并因此在语言与技巧方面产生了革命性作用，这是很值得注意的。

我已经较为详细地阐述了拓扑学对代数学的影响，然而相反的过程也是存在的。在此之前我主要将同调作为基本的拓扑不变量。这是最简单、最古老或许还是最基本的不变量。不过，近年来引进了另一个非常有用的拓扑不变量，即所谓的一个空间的 K-群。对于这个理论的起源我想讲上几句。

在微分几何中，流形的切空间以及更为一般的各种类型的张量空间是基本的对象。拓扑学家以及后来的代数几何学家们考虑了更为一般的向量空间的族,他们称它为向量丛:流形的切向量丛只是一个特殊情形。通过多种方式,可以把 X 上的向量丛(X 为向量空间族的参数空间)想象为一个群 G 的表示空间的类比。现在人们都已清楚知道,应用特征理论在有限群中是一个强有力的工具。本质上,特征理论所考虑的不是一个单独的表示而是所有表示的全体;可以把它们构成一个环,即 G 的特征环,将这个环作为整体去研究。部分地由这种类比出发,格罗滕迪克沿着这种思路将代数簇 X 上的所有向量丛看作一个整体,并由此构造了环 $K(X)$。这种想法被引进到拓扑学中,因而对任一拓扑空间 X 可以配一个环 $K(X)$。它是同伦不变的。这是个十分精细的不变量,许多用同调论难以解决甚至不能解决的问题可以用 K-理论来解决,而且相当简单。

最近,拓扑 K-理论已经反过来促进了代数学的发展。例如拓扑学家发现了 $K(X)$ 与偶维上同调的紧密关系,那么自然地引进了相应的奇维部分,称之为 $K'(X)$。代数学家在对它考察验证之后,发现其代数的类比早就知道了。不过它与代数的 K 的关系却被忽略了。拓扑与代数之间的思想交流确实是一个双向的过程。

拓扑的应用

作为用 K-理论去解决一个好的经典问题的例子,我们考虑下面的情形。给定正整数 n,k,是否存在 k 个实的 $n \times n$ 矩阵 $A^{(1)}, \cdots, A^{(k)}$,使得对所有非零实向量 x,向量

$$A^{(1)} x, \cdots, A^{(k)} x$$

为线性无关? 换一种说法,加在 $A^{(i)}$ 上的这个条件就是说在 (实)线性族 $\sum_{i=1}^{k} \lambda_i A^{(i)}$ 中只有 0 才是唯一的奇异矩阵。特别地,当 $k = n$ 时这些 $A^{(i)}$ 是否存在? 不失一般性,可以假定 $A^{(1)}$ 为单位矩阵(因为总可以乘上它的逆)。整个问题已被 J. F. 亚当斯(J. F. Adams)所解决。事实上,亚当斯解决了一个显然是更为困难的问题:对给定的 n,k,是否存在 k 个连续的取向量值的函数 $f^{(1)}(x), \cdots, f^{(k)}(x)$(其中 $f^{(1)}(x)$ 为恒同映射),使得它们对所有的非零 x 为线性无关? 注意一下,我们可以要求集合 $f^1(x), \cdots, f^k(x)$ 对于 $\| x \| = 1$ 为法正交,这对问题的解没有影响。事实上,通常使用的格拉姆-施密特 (Gram-Schmidt)过程是连续的,而且将任一连续解转化为连续的法正交解(它可以看作 $n-1$ 维球面的 $k-1$ 个相互正交的连续单位切向量场)。自然,"法正交化"过程并不能保持线性性质,故而它不能用到我们原来的代数问题上。虽然如此,问题的最终答案表明:如果连续解存在,则线性法正交解也存在。现在容易看出,一个线性法正交解必定要求正交矩

阵 $\boldsymbol{A}^{(2)}, \cdots, \boldsymbol{A}^{(k)}$ 为反交换的，并且平方为 -1。换句话说，这是克利福德(Clifford)代数的一个表示。于是，求出那些 n, k 值使得解存在的问题只是表示论中的一个简单问题，并且不难得到解的显式表达式。特别地，如果 $k = n$，则只对 $n = 1, 2, 4$ 或 8 的问题有解。

我们刚刚讨论过的这个例子并不是人为制造的问题，事实上它是与椭圆微分系统有关而自然产生的问题。设 $\boldsymbol{A}^{(1)}, \cdots,$ $\boldsymbol{A}^{(k)}$ 为 $n \times n$ 实矩阵，考虑一阶微分方程组

$$\sum_{s=1}^{k} \boldsymbol{A}^{s} \frac{\partial f}{\partial x_{s}} = 0,$$

其中 f 是向量 $\boldsymbol{x}$ 的取向量值的函数，或者更明确地写成

$$\sum_{s=1}^{k} \sum_{j=1}^{n} a_{ij}^{(s)} \frac{\partial f_{j}}{\partial x_{s}} = 0, \quad i = 1, \cdots, n,$$

其中 $a_{ij}^{(s)}$ 为 $\boldsymbol{A}^{(s)}$ 的分量。这个系统称为椭圆的是指 $\boldsymbol{A}^{(s)}$ 满足上述代数问题的条件，即假定

$$\sum \lambda_{i} \boldsymbol{A}^{(i)} \text{ 奇异} \Rightarrow \lambda_{i} = 0, \forall i.$$

柯西-黎曼(Cauchy-Riemann)及迪拉克(Dirac)方程均是这种系统的简单例子。更一般地，我们可以考虑高阶系统的相应情形。因此，设 $\boldsymbol{A}(\lambda_{1}, \cdots, \lambda_{k})$ 为一个 $n \times n$ 矩阵，其分量为 $\lambda_{1}, \cdots, \lambda_{k}$ 的 q 次齐次多项式。那么，系统

$$\boldsymbol{A}\left(\frac{\partial f}{\partial x_{1}}, \cdots, \frac{\partial f}{\partial x_{k}}\right) = 0$$

称为椭圆的，如果

$$A(\lambda_1,\cdots,\lambda_k) \text{ 奇异} \Rightarrow \lambda_i = 0, \forall i。$$

一个自然的问题便是：对于什么样的 k,n,q，这样的 A 存在？或更为一般地，我们对于所有解构成的空间 $X(k,n,q)$ 能说些什么？特别是空间 $X(k,n,q)$ 的拓扑性质对于研究 q 阶椭圆微分算子的整体性质可能是重要的。

显然，从前面对 $q=1$ 情形的讨论知道，这个一般性的问题将是非常难的。幸亏对于某些目的来说，解决一个相对较弱的问题也就够了（粗略地说，即让 $q \to \infty$）。这就是，每个 $A \in X(k,n,q)$ 定义了一个从单位球面 S^{k-1} 到一般线性群 $GL(n,C)$ 中的映射 $\lambda \to A(\lambda)$（假定系数是复的）。由于 A 由多项式给出，这个映射是连续的。于是可以把我们的问题扩充为：考虑从 S^{k-1} 到 $GL(n,C)$ 的所有连续映射的空间 $X(k,n)$。这样我们就可以对 $X(k,n)$ 的拓扑性质说出许多东西来了。另外，$X(k,n)$ 中的元素可以被用来构造椭圆奇异积分算子，其方式相似于用 $X(k,n,q)$ 中的元素去定义 q 阶椭圆微分算子，即使用傅里叶（Fourier）变换。

所有这些想法现在都已用来解决椭圆算子的"指标问题"了。粗略地，问题可以这样叙述：设 D 是定义在紧流形上的一个椭圆微分算子。或者假定流形是闭的，即无边界，或者加上某些适当的边界条件。于是方程 $Df=0$ 的解空间是有限维的，设其维数为 d。设 d^* 表示共轭方程 $D^*g=0$ 的解空间的维数，那么，D 的指标定义为 $d-d^*$。倘若算子 D 有一个扰动,则数 d 及 d^* 可能变化,但是指标却保持不动。从而有理由相信,可以找到指标的一个由拓扑项给出的显式表达公式。事实上,指标不仅对微分算子可以定义而且对奇异积分算子,甚至更广泛地对两种类型的组合算子(现在称作的拟微分算子)均可定义。利用这个扩充了的算子类,其拓扑显得非常简单,正如前面所指出来的;而且我们可以将给定的算子经形变为简单的、可直接计算其指标的算子。特别当其用于柯西-黎曼算子时就得到了任意紧复流形上的黎曼-罗赫(Roch)定理。到目前为止尚不知道这个定理的其他证明方法。因此,我们可以说,要解决一个关于全纯函数的定理就必须将整个构造按下面方式加以扩大:

全纯函数 → 椭圆微分算子 → 椭圆拟微分算子

这个问题教给我们一个原则,即如果要应用拓扑的思想,首要的一点是把你的问题放到合适的、更一般的范围中去。能够活动的空间越大则越容易进行形变。

作为结论我想提出的是,现在代数拓扑已经达到了充分成熟的阶段,故而应当将它视为一种现成的工具用到适当的分析分支中去。至少我希望,对一个数学家,他提出如下问题是感到很自然的事情:如果我改变我的问题中的系数或参数,那么我将得到什么样的拓扑空间——例如,它是否是可收缩的;如果不是,那么它的拓扑不变量有什么意义?

当然我不过仅仅触及拓扑学的几个方面。我的目的是想阐述一下拓扑学与其他一些数学分支之间相互作用的某些方式。但是我也意识到一个极大的疏漏，即没有谈到泛函分析。因此，我或许可以表达如下的信念来结束这个演讲：代数拓扑将在泛函分析中起到越来越大的作用，特别是在非线性问题的研究中。

（胥鸣伟译；袁向东校）

现代数学在许多方面的发展可以看作对问题的日趋复杂所作出的自然回答,群论、概率论和拓扑学指出了通向更好地概括和更有效的解决方法的途径。

——M. 阿蒂亚

数学的变迁和进展[①]

数学家把他的科研成果发表在专业刊物上,在这些科研论文中,各式各样前所未知的理论得到了证明。对一个外行来说,数学的专业文献简直多得吓人。特别是,他平素早就认为,在数学上根本就没有什么新的东西可供探索了。

在美国出版的《数学评论》里,对世界上发表的所有数学论文都予以评介。1967 年被收录的论文总数就达到17 141篇。为什么还有那么多未解决的问题呢？ 今日的数学到底在做些什么呢？

对一个迄今只在专业刊物上发表研究成果的数学工作者来说,对广大的主要由非数学专业者组成的群体谈论数学不是件容易的事。当然,读者里肯定也有许多人,他们在日

① 原题:Wandel und Fortschritt in der Mathematik。本文译自:Bild der Wissenschaft 4,Deutschen verlags-Anstalt,1 stuttgart,1969,p. 315-323。

常工作中经常甚至于每天都要同数学的某些分支打交道。跟数学的这种交道会因为门类不同而深浅有别,而且在方式上也会有所差异。但所有的人都会有这样一个共同的看法,就是在从事科研活动的非数学家所涉猎的数学与纯数学家所专攻的数学之间,横亘着一条难以逾越的鸿沟。

基于这个理由,用通俗的语言简单谈一谈当前的数学所从事的问题,它与过去的数学的渊源,以及它与我们广泛的科研生活有何关系,也许是值得一试的。这当然是个包罗极广的问题。要想在一篇短文中谈得面面俱到,肯定是做不到的。我在这里选择了一种为某种统一的观点服务的思想主线,虽然存在着许多其他的角度,从它们去进行观察肯定也会同样成功和出色的。为此我要请求读者们多加包涵我的权宜之计。若是我能在某种程度上让非数学家们对当代数学的内容粗知梗概,我就很满意了。

我不可能期待所有读到这篇短文的同行都会同意我的论点。但是对这一论点的思辨或许有可能激起他们对有关的一般性问题的关注。

我在这里建议的论点是:

理解数学发展的最佳途径是把它看作对于问题的日趋困难与复杂所作出的自然回答。只要这些问题是直接或间接地植根于自然科学和其他的科学分支之中,其复杂性本身就反映出了现代科学的互相覆盖和歧延的特性。

让我们从数学发展的较早阶段开始考察。就拿牛顿(生于 1642 年)出生前的那个世纪来说吧。可以说,那时最典型的问题就是:已知关于作为某个未知量之值的数的数据或方程,求这个数。本质上这无非是列出某些简单的代数方程并对之求解,其中最简单的情形就是一个一次方程,比如

$$3x - 6 = 0,$$

从这个方程我们可以看出未知量 x 的值是 2;或者一个二次方程,比如

$$x^2 - 5x + 6 = 0,$$

从它可以得出,未知量 x 等于 2 或 3。

当时的数学家们致力于更高次代数方程的解,事实上,那个时期的数学史不外乎就是 3 次和 4 次方程的历史。

但是对于 17 世纪的科学,单独一个未知量或变量在概念上和数学上已经远远不敷使用了。真正有用的是函数的概念。一个函数就是一个变量和另一个变量之间的依赖关系的规定,例如一个运动体所经过的路程和时间之间的依赖关系。事实上,确定一个待定的函数基本上可以归结为找出一个未知量的无穷个值,所有的科学家通过检读一组组数据以绘成曲线,便是在做这件事。

以落体定律(伽利略(Galileo),1564—1642)为例。一个

自由落体——不计空气的阻力——下落 t 秒经过的路程是 $4.9t^2$ 米,对 t 的每一个数值对应以值 $4.9t^2$,就得到一个函数(图 1),在这里就是自由下落运动中物体经过的路程对时间的依赖关系的规律。我们把这个对应规律叫作 f。对应于 t 的值就叫作 $f(t)$:

$$f(t) = 4.9t^2$$

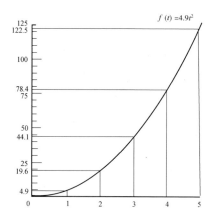

图 1 把函数看作一个整体的对象是数学发展史上关键性的进步。对每个 t 的值取值为 $f(t)$ 的函数 f,在直角坐标系中由一条曲线表示出来。它由一切以 $(t, f(t))$ 为坐标的点构成。此例所图示的函数 f 是 $f(t) = 4.9t^2$,这里 4.9 是落体(或地心)加速度的半值。

我们只能对个别的 t 值去测定物体经过的路程。借助于多次的测定我们可以推出对应的规律。有了函数 f,就可以对 t 的每一个值算出相应的路程。

函数作为数学概念的新奇之处是,它——也就是我们例子中的 f——被作为一个单独的数学对象来看待。它的引进是向前跨出的决定性的一步,从而使得数学家有能力去对付现代科学初期在科研中所提出的各种困难问题。

17 世纪下半叶,主要通过牛顿和莱布尼茨(Leibniz)的工作,微积分诞生了。从这一时期直到进入 19 世纪,数学上的典型问题就是,给出了关于某个未知函数的数据和方程,求出这个函数,而这些方程通常是借助于微分或积分运算的式子来表达的。微分和积分运算的研究对于物理学的进展有着决定性的作用。函数理论成为数学家们的主课。这里我们不好给出复杂的微分或积分方程的例子。不过大多数读者会在中学里学过一个函数的导数 f'。f' 当然还是一个函数。对于前面例子中所说的函数 f,即

$$f(t) = 4.9t^2$$

导数 $f'(t)$ 就是这样一个函数,它在时间 t 时取值为 $9.8t$:

$$f'(t) = 9.8t$$

$f'(t)$ 就是自由落体在 t 秒时间处的(下落)速度,以米/秒为单位。对已知的 f 求 f' 或已知 f' 求 f,就是微积分学的基本任务。

自然,到这里为止,我所说的都是泛泛之谈,目的是让读者获得某种程度的历史观点。现在再在我前面提出的论点之下来考察一下 19 世纪的数学。

在函数理论和借助微积分来进行对函数的研究之后，代之而兴的是什么呢？为什么今天由数学的另一些分支扮演着类似于过去由函数理论所扮演的主要角色呢？

要理解到底发生了些什么事情，最好是采取数学家们的观点。数学家的任务是研究函数。但是随着时间的推移，愈来愈多不同类型的函数出现了，不论它们是源自理论或应用，它们是愈来愈复杂了。数学家们要考虑的不再是一个单变元的函数而往往是多个多变元的函数以及与它们有关联的多个微分方程了。例如流体动力学，它是专门研究在空间运动着的液体或气体的。在那里压力、密度和速度的三个分量依赖于时间和位置，而位置又由三个坐标来决定，这样，我们就得到了一个由 5 个 4 变元函数组成的函数组的例子。

从理论的角度来看，数学家的任务显然在于如何把秩序带进这混沌之中。为了应付这愈来愈大的复杂性，就必须想出新的方法。那么他能做些什么呢？

我愿意在此指出现代数学里的三个不同方向的进展。我相信，三者都是受到了复杂性不断提高这一问题的激发并且都为它的部分解决做出了贡献。当然，数学里还有一些方向的发展也都可以被类似地看待。

第一个，或许也是最容易解释的方向就是对称性质的有效利用，这些性质和被提出的数学问题往往是与生俱来的。

对称性是什么？每个人都不难直观地想象到，它可以存在于物理的和数学的、几何的和代数的关系之中，例如：

$$x^2 + y^2 + z^2$$

和

$$xy + zt$$

就都是具有对称性质的代数式。在第一式中，对称性是完全的，三个变元扮演的角色完全一致，对任意 x, y, z 之间的置换（共有 6 个），代数式

$$x^2 + y^2 + z^2$$

仍变化成原式。在第二种情形，只存在所谓部分的对称性。例如以下这个置换：它把 x 换为自己，y 换为 z，z 换为 y，t 换为自己，就不再保持原代数式不变。x, y, z, t 之间总共有 24 种置换。很容易看到，其中恰有以下 8 种置换使代数式 $xy + zt$ 保持不变（这里当然允许使用运算规则 $a + b = b + a$ 和 $ab = ba$）。

$$\begin{pmatrix} xyzt \\ xyzt \end{pmatrix} \qquad \begin{pmatrix} xyzt \\ yxzt \end{pmatrix}$$

$$\begin{pmatrix} xyzt \\ xytz \end{pmatrix} \qquad \begin{pmatrix} xyzt \\ yxtz \end{pmatrix}$$

$$\begin{pmatrix} xyzt \\ ztxy \end{pmatrix} \qquad \begin{pmatrix} xyzt \\ ztyx \end{pmatrix}$$

$$\begin{pmatrix} xyzt \\ tzxy \end{pmatrix} \qquad \begin{pmatrix} xyzt \\ tzyx \end{pmatrix}$$

这里,举例来说,

$$\begin{pmatrix} x & y & z & t \\ t & z & y & x \end{pmatrix}$$

表示以下置换:它把 x 换为 t,y 换为 z,z 换为 y,t 换为 x。

我们把一个运动理解为平面或空间到自身的一个映射,它把任意两个点映射为等距离的另两个点。两个平面或空间的几何图形叫作全等的,若我们可以通过一个运动把其中一个图形转换为另一个。于是全等于一个图形自身的变换(运动)全体,就叫作这个图形的对称群。在等边三角形、正方形和正五边形的情形,所有属于对称群的运动都必须保持其中心不动,同时置换其顶点(图2)。而通过顶点的置换也足以确定一个运动。在三角形的情形,所有 6 个置换都确定运动,而在正方形的情形,在总共 24 个不同的置换中,只有 8 个确定了运动,即 4 个轮换,分别导致旋转 $0°,90°$,$180°$ 和 $360°$ 和另外的 4 个置换,它们分别导致对 4 个对称轴的镜面反射。

一个球的对称群由所有保持球心不动的空间运动组成。其中特别包含了绕任一条通过球心的轴旋转某个角度的一切旋转。空间任意两点可以被对称群中的一个空间运动互换,当且仅当它们距球心 M 的距离是相等的。如果一个问题是球对称的,那么球心距就是一个有决定性意义的量。

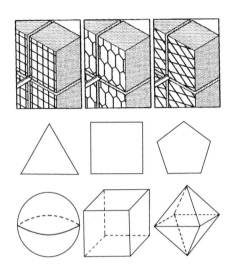

图 2　几何对称的熟知例子是正方格子、蜂窝模型或斜方
格子。为了阐释某些对称关系，可以把这些图样贴在骰
子状的正方体上，把正方体置于镜前，再在其左侧放上另
一面镜子。图下方是几何对称的另一些例子：等边三角
形、正方形、正五边形、球、正方体和正八面体。

很显然，一个问题可以大为简化，如果我们在研究它之
前就能知道它具有某个特定的对称型，这样可以大大减少变
元或函数的数目。前面刚讨论过的球对称的例子在电荷的
研究中就用得上：如果要研究在位置 P 处由 M 点的电荷所
产生的电场强度，我们借助球对称（取 M 为球心）就可以总结
出，电场强度是 P 与 M 间距离的函数。

上面的简单阐述足以说明,要想把秩序带进复杂的情况之中,有关对称的数学研究肯定是大有裨益的。不仅这样,我们还希望有一个统一的、抽象的对称性来概括一切不同的几何的与代数的对称类型。我们通过例子来帮助说明,这样的概括是做得到的。比如说,从对称的观点来看,代数式 $x^2+y^2+z^2$ 就要比式子 $xy+zt$ 与一个等边三角形这样的几何图形有更多的共同之处。在式子 $x^2+y^2+z^2$ 和等边三角形中,三个变元 x,y,z 和三个顶点都可以被任意置换。

换句话说,对象之间的相互关系比对象的本质对于对称性更为关键。因此一个几何图形和一个代数式可能具有同一型的对称性。

代数式 $xy+zt$ 和正方形也能拥有同一型的对称性。我们把正方形的顶点标示如图 3 所示。

图 3

那么,就可以看到,前面所列出的关于 4 个符号 x,y,z,t 的那 8 种置换,对两者有着同样的意义。

自从伽罗瓦(Galois,1811—1832)关于代数方程的根所作的研究之后,抽象对称性的研究已经有了长足的进展。这一研究就是所谓的"群论"。它已经是数学的中心领域之一。

一个群是通过一组性质以公理化方式定义的,这组性质是一个对称群所明显具备的。一个群 G 是一个由若干个抽象的对象所作成的集合,在它上面定义了一个结合,即对于对象 a 和 b,$a \circ b$ 是群中的一个规定好了的对象。对于一个对称群(不妨设想为某个几何图形的自全等),$a \circ b$ 就是规定为先施行自全等 b,继而施行自全等 a 所得的自全等;比如说 b 代表正方形旋转 90° 而 a 代表旋转 180°,那么 $a \circ b$ 就是旋转 270°。群的结合还应该满足一些公理,例如

$$a \circ (b \circ c) = (a \circ b) \circ c,$$

如前面所说,对称群是明显地具备这一性质的(图 4)。

这样,群论(对称理论)在晶体学和量子化学上有大量的重要应用也就不足为怪了。最近它甚至还促成了基本粒子物理上意想不到的新发展。无论如何,群论指出了一条路,使人们有办法处理物理和数学问题中日益增长的复杂性,这一点是毋庸置疑的。

处理复杂问题的另一个方法是设法应用概率。当变元的数目变得很大时,人们不得不放弃对问题求出完整准确的解答,而满足于一个能够给出概率测度的解答。

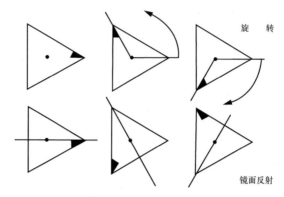

图 4　一个物体或图形的对称群意为一切
把物体或图形转化为自身的运动的全体，
在等边三角形的情形，对称群包括顶点之
间的所有 6 种置换。

当然，在数学史上，粗浅的概率理论可以溯源甚早。但
是直到 19 世纪，应自然科学提出的要求，它才迅速发展为数
学的一个重要分支。

当前的概率论已经抽象化了。因为只有这样，它才能
适用于一切情况，只要所涉及的对象数目非常之大。不论
它们是重复试验（例如掷骰子游戏），或是气体内的分子
（例如在热力学中），或是某一群居民中的个人（例如在经
济学中）。用概率理论可以描述比如分子的布朗（Brown）
运动这样的物理现象或无线电通信中的偶发性干扰。不
仅如此，诸如机场上飞机排队等候降落的时间、货仓的有

利租用计划以及由多个元件组合成的电子装置的可靠性等，也无不靠它来表述。

在以上多种不同的情况中，概率分布是最基本的概念。它取代了经典的函数概念的地位。

由于概率论的应用可能性和它的意义已经被广泛地认识到了，我在这里就不再多加介绍，而来谈谈第三种，还不甚为人所知的发展方向。

数学的第三个大分支，就我们在开头提出的论点而言，不妨称之为定性的数学。当我们研究一个函数时，我们往往对它的共性比对它的个性更感兴趣，让我们来考察一下图 5 的几个函数的图像表示。

图 5

头两个函数是属于同一类的,其次的两个则属另一类,最后的一个则属于第三类。再以函数族 $x^2 + ky^2$ 为例,其中 k 是一个不为 0 的常数[那些函数,它们在以 (x, y) 为坐标的平面上取 $x^2 + ky^2$ 之值]。所有 k 取正值的函数在某种意义上是同类的,它们与那些 k 取负值而得的函数有着本质的不同。为了有助于直观,我们在图 6 和图 7 上用立体坐标系就 $k = \dfrac{1}{2}$ 和 $k = \dfrac{1}{5}$ 以及 $k = -\dfrac{1}{2}$ 和 $k = -\dfrac{1}{5}$ 绘出这些函数中的几个。在前两种情形,我们在 $x = y = 0$ 时有一个极小值,在后两种情形则有一个所谓的鞍点。

如果问题变得进一步复杂,那么想求得一个准确、定量的解答就不再实际可行。于是人们只好退而求其次,满足于一个定性的解答,就像图 5 所表示的那样。另一个可为函数定性的性质是它是否是周期的:如果对至少一个 a 和所有的 x 都有 $f(x+a) = f(x)$,我们就称 f 是周期的。在几何上,使圆不同于直线的正是这一性质。

一个饶有趣味的例子是球面、椭圆面、自行车内胎状的环面和 8 字形咸饼状的环面的区分。如图 8 详细表明的那样。前两个是属于同一型的,虽然所涉及的常数值(轴长)各异。第 3 个和第 4 个图形则不同型。

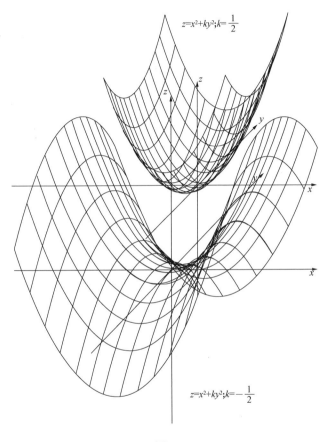

图 6

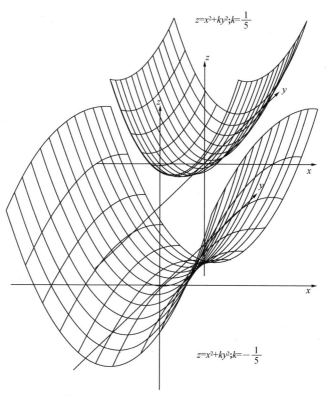

$z=x^2+ky^2;k=\dfrac{1}{5}$

$z=x^2+ky^2;k=-\dfrac{1}{5}$

图 7 定性数学研究多个函数的共性,并把它们按照一些
判定规则加以分类。图 5 很漂亮地显示了这些规则中的
一些简单的例子。头两个函数属于同一类,接着的两个
属于另一类,最后一个属于第三类。图 6 及图 7 显示函
数(族)$z=x^2+ky^2$。对 k 的不同正值可在坐标轴的原点
处得到一个极小点。对 k 的不同负值则得到一个所谓的
鞍点。因此根据 k 为正或为负就可以得到两个不同的
类。这里所示的图是由波恩大学仪器数学研究所借助自
动机绘制的。

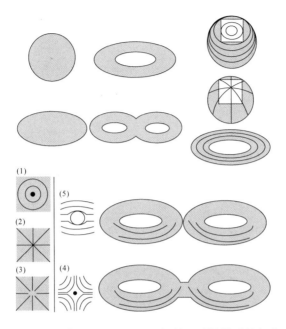

图 8　球面、椭圆面、环面和 8 字形环面提供了性征分类的一个生动的例子。它们的性征的甄别可借在这些表面上的液体流动的特征来说明（忽略不计物理上所需考虑的液体的可压缩性）。在球面和椭圆面的情形，至少有一个凝滞不动点，而在环面上，液体永远可以绕流而不存在任何凝滞点。在 8 字形环面的情况也恒有至少一个凝滞点，但与球面不同的是，其液流不具有（1），（2），（3）型的凝滞点，而只可能是这样一种具有两个（4）型凝滞点的流，它可设想为由两个各开了一个小孔的车胎状环面所具有的如（5）那样的流型被沿着环面拼合到一起而成的。

　　把这些用以定性的概念用数学来处理，简直有点不可思议。但事实上却真地可以做到，正是它构成了拓扑学的内涵。拓扑学是现代数学中的一个重要分支。我们也许可以说,拓扑学的目标就是把函数(或图形、或其他的数学对象)分类为不同的型并尝试找出所有属于同型的函数的共同特征。所谓函数的型,当然因问题的性质不同而千殊万异。但这里所举出的简单例子已经可以让读者看到一些端倪。

由于早期的数学对于数的地位的强调,人们总是把数学的量化看成自然而然的。因此刚才所说的类型化的一面,对许多人来说无疑是超出常理之外的。但是数学的一项关键性的特征正是它的准确性,而得自分类问题的准确性,丝毫不比得自于计算问题的有所逊色。

我们必须承认拓扑学迄今在自然科学中的应用还不多。可是另一方面,它却对所有专业方向的数学家都是极为重要的,它在许多不同的分支里都为秩序化和系统化提供了一个框架,因而加深了我们的理解。从间接的和长远的角度看,它必然要在实际应用方面崭露头角。

不妨附带说一句,杰出的法国数学家 R. 托姆(R. Thom)已经完成了一项研究,使生物学能够应用这些质的概念。他已作了多次关于这方面的报告并将在最近出版一本书。这很可能是一个重要发展的开始。

这里所叙述的数学三个分支,即群论、概率论和拓扑学,对现代数学而言是具有典型意义的主要领域。它们都从事于抽象概念(对称性,概率测度,定性分类)的研究。这些概念比之数和函数都要深奥得多。现代数学中的这种抽象性是常常受到指责的,我也必须承认,抽象化的工作在某些方面是有些过头了。但我非常想指出的一点是,抽象概念正是对层出不穷的新事物的要求所作出的自然回答。

没有这些抽象概念,数学恐怕早就被成堆的复杂问题压得喘不过气来,也早就分裂成数不清的、互不关联的个别情况的研究了。

因此我们看到,数学的性貌已经起了变化,百年前还鲜为人知的新概念,现在已成了重点。但这并不表示,数学的基本内容也已经有所改变。

我们照样在研究数和代数方程、函数和微分方程,只不过我们有了各式各样的新工具可资利用。

一些使我们的前辈在其复杂性之前束手无策的问题,我们可以去着手攻研了。我们有了更好的全局观点,过去仅仅被模模糊糊意识到的、数学植根于其上的统一性现在被认识得更清楚了。

在结束本文之前,容我向希策布鲁赫教授和多位波恩大学的数学家们致谢,他们帮助我把手稿译成德文并绘制了图表。

(陈家鼎译)

如何进行研究[①]

让我一开始就说明,讲这样一个令人敬畏的题目,我并无把握。这个题目本身的真正含义到底是什么,其实并不完全清楚。人们至少能给出两种解释。如何搞研究可以指方法,人们用什么方法搞研究,暗指某项研究已进入数学家脑中的智力活动过程。它作为人类心理研究的课题非常迷人,许多著名数学家都写过有关的文章,如像阿达玛和庞加莱(Poincaré)。我记得阿达玛推荐了他的经验,连续洗两个热水澡是刺激研究的一种方法。庞加莱似乎是在上下车时得到了他的大部分最出色的思想。

另外一种解释涉及态度,即持何种态度对待研究。此处态度二字意指各式各样的数学风格与类型。什么是数学研究,不同的人会从不同的观点出发来解释。今天我想谈谈这第二种解释。之所以选择它,部分原因是,我想我的同事J.哈默罗利(J. Hammersley)会选择第一种解释来谈,我们应

① 原题:How Research is Carried Out。本文译自:Bulletin of The Institute of Mathematics and Its Applications,1974,10,p. 232-234。

该有所分工；部分原因是，作为本次会议上的第一个演讲，我觉得在考查数学研究的诸多方面之前，先问问什么是数学研究，倒也不失为一个好主意。

我打算这样来讲，即罗列出涉及数学研究的各种可供选择或大不相同的方方面面。我列出这些可进行比较的方面，目的是为了便于分析而不是为了申斥其中的这一方或那一方。我将力图保持公允和平衡，不让个人的好恶介入得太多。

在往下讨论之前我还要说明，在纯粹数学和应用数学之间确实存在一种主要的区别。我不想把这种区别说得那么绝对，那么界线分明，但我们确实很容易认出纯粹数学家和应用数学家的工作之间的重要差异，尽管它们也有众多相同之处。我希望哈默罗利将关照应用的方面，这样我将述说的就是一名纯粹数学家的见解。

我提出的第一件事是解问题和建立理论之间的关系。当然，对这两方面都可以提出些质疑：如果一个理论不能解决问题，其效用何在；研究无穷多个毫无联系的问题，尽管每个也许都很有趣，但是又有什么用处。我想，我们也许可以这样来看问题：你从现存的问题出发，其中许多问题最初都有物理背景；为了解问题，你必须要有一个聪明的想法以及某种诀窍，当这种诀窍足够精巧又有足够多的类型相当的问题，你就可以把诀窍发展成一种技术，若存在大量的这一类型的问题,你就可以发展起一套方法;最后,假如你涉及的是一个非常广阔的领域,你就能获得某种理论。这就是从问题到理论的演化过程。

当然,理论之所以成为理论,并不仅仅在于它把你通过解各种问题而掌握的所有东西归在一起。我们必须在心中牢牢记住,数学是人类的一项活动。解问题或者做数学的目的大概是为了把我们获得的信息传递给后代。我们必须记住人的智力是有限的,肯定不能连续不断地去领会和消化无穷多的问题并把它们全部记住。理论的真正目的在很大程度上着眼于把过去的经验加以系统地组织,使得下一代人——我们的学生以及学生的学生,等等,能够尽可能顺利地汲取事物的本质内容。只有如此,你才能不断进行各种科学活动而不会走进死胡同。我们必须设法把我们的经验浓缩成便于理解的形式,这即是理论之基本所为。也许我可以引用庞加莱在谈论这个主题时不得不说的话:"科学由事实建造,正如房屋由石块建成一样;但是事实的收集并非科学,恰如石块的堆积并非屋宇。"

我想讲的下一个论点涉及形式推导与严格性之间的差异,是数学中有悠久历史的话题。在只重形式推导的方面做研究,只要结果正确,你用不着过多地去操心它们的精确含义。你可能会说,这种情况只在应用数学中发生,但事实恐非如此;我以为这种现象在纯粹数学中同样存在。历史上有许多只重形式研究的著名实例。最有名气的实践家当属欧拉(Euler)。你们知道,欧拉导出了许多极其漂亮的公式。他对诸如 $\sum_1^\infty n$ 这样极度发散的级数"估值",求出的值为 $-\frac{1}{12}$;在大约一个世纪之后,人们才给这类公式附加上精确的意义。在其他领域,你们知道 O. 亥维赛(O. Heaviside)以及较晚的迪拉克的著名工作,他们讨论被大大推广了的函数,直到不久前才给它们奠定了严格的基础。只注重形式的数学研究属于这样一种行为:你用某种聪明的技巧得到了正确的结果,接着就继续往前,并不过多地担忧其严格与否,对严格性持后会有期的态度。

现在你可能会问:什么是严格性? 一些人把严格定义为"rigor mortis"[①],相信伴随纯粹数学而来的,是对那些知道如何得到正确答案的人的活动的抑制。我想,我们必须再次记住数学是人类的一种活动。我们的目标不仅是要发现些什么,而且要把信息传下去。有些人,比如欧拉,他们知道如何写出一个发散级数又得到正确的答案。他们对该做什么和不该做什么必定具有某种非凡的感觉。欧拉从大量的经验中获得了某种直觉,而直觉是很难传达给别人的。下一代人不知道他的结果是怎么得出来的。严格的数学论证的作用

---

① 意为"尸僵",指死后的僵直。——译注

正在于使得本来是主观的、极度依赖个人直觉的事物,变得具有客观性并能够加以传递。我完全不想拒绝这类直觉带来的好处,只是强调为了能向其他人传播,所获得的发现最终应以如下方式表述:清晰明确,毫不含糊,能被并无开创者那种洞察力的人所理解。此外,只要你在钻研某个范围的问题,你的直觉自然也能把你引向正确的答案,尽管你可能尚不能肯定如何去证明它。但是,一旦你进入研究的下一阶段,对已得到的结构开始提出更复杂、更精细的问题时,对最初的基础性工作的深入理解就会变得越来越重要了。所以,正是你所从事的研究本身,需要严格的论证。如果缺乏牢固的基础,你修建的整座建筑将岌岌可危。

我的下一个论题是有关数学中的深度和广度之间的区别的。我的意思是,当你研究一个特殊的领域或问题时,可以搞得非常精细,钻得越来越深,得到越来越具体的成果;或者,你可以选择另一种途径,分身于数学的众多领域之中,对相当大的范围内的课题都达到某种程度的理解,然后看看自己可以在哪方面发展并作出努力。

让我比较两种搞法各具什么优点,特别分析一下对想搞研究的学生的影响:在一个领域内往细节深钻好呢,还是应该在真正搞研究前,先去熟悉尽可能广的知识呢?当然,做这类选择很困难,平衡点往往在两个极端之间。让我描绘一下某些隐藏着的陷阱。如果你在一个领域搞得非常专,我们可以设想你正瞄准某个非常困难的问题,比如黎曼猜想。你可能要用毕生的时间来熟悉和完善某些技巧。假如运气甚佳,你将解决它,也许你就成了传世名家;一旦命运不佳,后果就很糟,你将一无所获。专于一个领域的危险在于,在你所生活的时代,那些问题可能尚未达到能够解决的程度,所以你必定是在浪费时间;或者当你最终解决这个原本是重要和引人注目的问题时,数学界的时尚变了,人们对它已无多大兴趣。此时你再决定转变研究领域,你会发现已为时过晚。

一开始就涉足广阔的前沿领域有个优点,即年轻的学生学习新东西相对容易些。如果开始就在一个合理的范围内尽你所能,学习较多的前沿课题,你会从中获得较丰厚的储备以图后进。当数学时尚或人们关注的问题发生变化时,你便能随之而变。反对如上看法的人可能会说,数学最重要的是解问题,追求"广度"充其量只是一种佯攻,你们应该去搞硬问题。关于广度的讨论涉及数学的本质。在很大程度上,数学是一门将完全不同的和毫无联系的事物组织成一个整体的艺术。毕竟,数学在所有科学领域中达到了抽象的顶峰,它应该适用于广阔的现象领域。也许,我又可以引用庞加莱的一段话,我觉得它跟我的几个论题有关。他说:"什么是值得研究的数学事物呢,通过跟其他事物的类比,它们应能引导我们获得有关的数学定律的知识,正如实验事实引导我们获得物理定律的知识一样。数学中的结论将向我们揭示其他事实间意想不到的亲缘关系,虽然人们早已知道这些事实但一直错以为它们互不相干。"将众多来自经验科学或数学本身的不同事物结合在一起,乃是数学的本质特征之一。我们之中必定要有这样的人,他们努力把数学中的不同部分连接起来;也要有另一种人,他们把自己约束在一个领域内,在此方向尽可能获得更多的成果。

另一对问题跟数学的具体内容关系不大,而涉及数学家的工作方式:是个人奋斗还是合作研究。处理这类问题显然因人而异,差别很大。有些人不喜欢或无法跟别的数学家合作。他们最善于个人思考,自己写文章,这是他们的工作方式。另一些人喜欢跟同事联手,许多研究都是合作进行的。我认为有相当多的证据说明,后一种做法有优越性,将来也还会有更多的证据出现。首先,如果你和其他数学家合作,实际上大大增加了你所拥有的技巧,也开阔了自己对数学的看法,它必然会影响到研究工作。假定数学的多样性在增加,对任何单个人而言,想要熟悉所有的领域确实太困难了。正如我说过的,很多有趣的问题来自数学不同部分间的相互影响。数学家越来越需要在一起工作,集中他们的智谋,在某个特定的范围进行攻坚。当然,你不要想把观点完全不同的数学家拉到一起。你需要基本志趣非常相近的人,他们以多少有点相似的方式思考,有相似的情感,但在创造个别具体事物时又有足够的差异。合作研究另有一个好处。当你直接攻一个数学问题时,常会走进死胡同,你所做的似乎一概不起作用,你会期盼能巧遇什么转机,那样问题也许就容易解决了。可是不会有人来帮忙,因为别人通常也在那里等待转机。仅仅一处障碍就会耽搁你多少年,这在数学研究中是屡见不鲜的。可能因为出现简单的智力方面的阻滞,某个愚蠢的念头使你看不到下一步该怎么走,而你的同伴可能容易指出要害之处,这种现象十分普遍。这恰是合作的用武之地。另一方面,合作也有利于听到批评意见。我们大家都容易犯错误,容易带着不完全的论证匆匆向前冒进。有个人在你身边就大有好处,他会以批判的眼光检查你给出的论证,并挑出其中的漏洞。显然,挑别人的错比挑自己的容易得多!

最后,我们不能忽略遭单独监禁乃是人生最痛苦的经历。数学研究非常艰辛,我想从人的角度考虑,合作的好处也是值得重视的,它可以使数学思维过程变得更有乐趣。尽管我承认喜欢合作,但在关键时刻谁也代替不了你自己的冥思苦索。

如我所说,当你注视数学的未来——假定数学确实有其未来,想要预见比如500年后数学的动向,那是非常困难的。随着数学的加速发展,出版物大量涌现,研究多样化趋势的迅猛增长,我们怎样才能控制住局面,如何才能使数学中的不同部分保持总体上的联系?看来,我们越来越需要以合作的方式研究数学了,这恐怕是不可避免的。

我要比较的下一对论题是主流数学和非主流数学①。我们感觉到数学具有它的核。数学中的一些主要问题，经逐渐积累和筛选，其中重要的被保留下来，形成数学中的一条主流。但我们还有许多旁支侧流，它们不时出现并为主流供水。你必须决定是在尽可能靠近中心的部分工作，还是我行我素，试图去发现以前尚未被发掘过的有趣的领地。无疑，这回我们又需要两类数学家。真正的开拓者会独立行动，下决心不被卷入过去已经做过的任何事情。他们打算重打鼓另开张，以全新的观点考虑问题。数学中真正新的创造以及全新领域的出现，无疑是以此类行动为发端的拓荒者的功劳。当然，这种做法存在危险，毕竟成功的开拓者为数甚少，而失败者甚众。就像你们都想挖出金子，有一个人找到了，其余的皆空手而归。所以你们必须认识到，当你打破常规走进荒漠，你可能做出某种数学；假如你运气不错，会得到一些人的承认，说你的工作给数学增添了新鲜血液；但是当代的99％的反应将是"对，非常有趣。但似乎毫无前途"。所以，你真地得碰运气。你想要发现真正的金矿而不只是一片荒漠，真有点赌博的味道。

然而，身处数学主流也有难处。这类领域已被大部分著

---

① 主流数学，原文是 main-stream mathematics；非主流数学，原文是 off-beat mathematics，直译为"弱拍数学"。——译注

名数学家研究过,想在数学的核心部分得到新结果将难上加难。当你确实有望在这种领域做出成绩时,因为它属于数学主流,成果会显得更加重要。

最后,我想对比一下数学论证是否"有效"和"优美"的问题。我们所有的人都不会漠视这方面的问题。一个有效的证明不一定是优美的,它可能是一副强蛮的面孔,完全靠力气,靠推土机式的技巧获得成功。你写下一页又一页的公式向前跋涉,看起来很不舒服,事实也确是如此!不过最终还是达到了目的。至于优美的工作,你似乎并不费力,只要写上几页纸,嗨,你瞧!耀眼的结果出现了,令四座皆惊。

这回,我们还是需要两类数学家,这是毫无疑问的。许多结果首先是完全靠蛮力证明的。一些人坚韧不拔地一直往下算,不在乎它是否优美,最后得到答案。接下去,对此结论感兴趣的人会继续考虑,试图理解它,最后把它打扮得很漂亮,富于感染力。当然,这并非简单的粉饰门面。因为优美是一种评价标准,若想让数学继续保持旺盛的活力,坚持这一标准是非常重要的。如果你想让其他人理解某个论证的实质,原则上它必须是简单和优美的,这显示了质量:表达最明朗,最容易被人类的心智在数学框架内所理解。事实上,庞加莱将简明性视为数学理论的定向力,使我们选择某个方向而不是另一个方向前进。所以,优美与否是非常重要的,不仅对基本结构如此,而且对次一层的结构亦然。

我想我可能已经提到了与会者将要论及的各种问题。关于"优美"，我期待彭罗斯（Penrose）教授（从他的报告题目可知）会有内容更丰富的阐释。如果我理解得不错的话，会上还有一个关于数学交流问题的报告，我想我讲的大部分内容在广义上跟交流问题有密切的联系。数学交流首先涉及数学杂志上的文章，以及该怎样去写和怎样去读数学。不过在更广的意义上，它还应包括如何将数学传达给当代人和子孙后代的问题，使得数学成为人类的一项连续不断的活动。如果数学要继续存在下去，那么其理论方面必须保持坚实。即使你主要关心解决问题的技巧的发展，如果你想让这些技巧为后代数学家所理解，你也必须把它们联系起来，使之变得简单紧凑，让一年级大学生也能够理解。终究这是我们的目的之所在。微积分是牛顿和莱布尼茨的伟大创造，我们现在可以教给 14 岁的学生；A. 爱因斯坦（A. Einstein）的相对论肯定已在向大学新生讲授，甚至作为中学毕业班的课程。我们的前辈留下的最难的数学，经提炼而成的精华，已可教会非常年轻的数学家。不难看出，浓缩精炼我们所有的数学经验，是使后继者能继往开来的唯一途径。真的，我认为这是我的一个主要课题，不知你们是否喜欢它。我很抱歉没有多讲智力活动的过程。怎样才能得到好的想法，热水澡或是上下车是否是刺激我们思维的最好方式，这些问题很迷人，但是我认为，承认数学能力的多样性，认识解决问题或建立数学理论有多种途径,也是同样重要的。你不应该这样想,似乎数学家都在卖力地做着相同的事;他们可能在同一数学领域工作,但并不意味他们在以同样的方式工作。世上有各种类型的数学家,他们全都是我们需要的。

(袁向东译;冯绪宁校)

大范围几何学①

　　很多年以来,都没有纯粹数学家被皇家学会邀请在这种场合发表演讲了。至少,就回溯到 1940 年的记录来看,是肯定没有过的。这当然不意味着皇家学会的理事会有什么偏见,这只说明纯数学家与其他科学家之间存在着巨大的鸿沟,这也说明要跨越这道鸿沟进行相互交流是何等的艰难。幸运的是,我们还有一些中间人——应用数学家,他们从数学知识中提取最有用的部分,并将其应用于范围广泛的科学问题:从传统的物理科学直到生物科学与社会科学。许多杰出的应用数学家确实来皇家学会演讲过,他们讲的是空气动力学与行星演化这一类的问题。这些问题主要依赖于数学分析,然而却可以用物理学的语言加以解释,从而很容易为范围广大的听众理解。在这种场合下,有关的数学技巧很可能就只是含糊地提一下。结果,大部分的科学家对于数学研究只得到了非常模糊的印象。他们常常懂得与自己专业有关的数学工作,我是想说,懂得比数学家还要好,然而他们却

① 原题:Global Geometry。本文译自:Proc. R. Soc. Lond. A ,1976,347,p.291-299。

很难理解抽象化之后的数学。所以，一个纯数学家也许应该尝试解释一下，我们自己对这门学科的看法；解释一下，在没有任何科学解释与应用的情况下，是什么促使我们进行研究的。请让我用一个图 1 来表示：

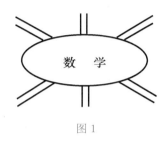

图 1

我们将数学看作一个大型计算机，在外围带有许多终端，它们表示应用领域，一位实践科学家就像一个终端的用户。他只对输出感兴趣，而且知道计算机可以为他做些什么事，但是对于计算机核心部分是怎样运作的一无所知。在计算机发展的初期，用户常常就是设计者，然而随着计算机的迅速发展与复杂化，这就不再是通例而成了例外了。类似地，也是因为数学的日益增加的复杂性，导致了"用户"与"设计者"之间的巨大的鸿沟。

　　将数学与其物理解释分开之后，马上就产生了一个困难，即我们就只剩下某种真空了。唯一获得过诺贝尔文学奖的数学家 B. 罗素（B. Russell），用他惯有的生动和引发争辩的口吻讲明了这一点，他说："数学可以定义为这样一种学科,在其中我们永远不知道自己在谈论什么,也永远不知道自己的言论是否正确。"他接着说,希望大家会接纳这个定义并且同意这是个准确的定义。我本人觉得这个定义乱人心意,而宁愿用一种更为构造性的方式来定义数学。大家都知道类比法在科学思维中的重要作用。当我们将气体中的分子看作小台球,或者将光看作波时,我们是把不熟悉的东西与熟悉的联系起来,以帮助我们理解。如果认真地考虑这种类比,并进一步考虑其推论,我们就是在建立数学模型,就是强调相同的部分而忽略不同的部分。因此,可以将数学看作为类比的科学,而数学之所以在自然科学中有着广泛的用处,就是因为在称之为"理解"的心理过程中,"比较"起了重要的作用,这也引起了所有有哲学家倾向的数学家的兴趣。

不过,且让我们从这些高高在上的哲学问题讨论下来,问一个更为实用的问题吧!假如说生物学家就是研究植物与动物的人,那么数学家研究的是什么呢?答案应该不会使任何人感到惊讶——他研究的是方程。首先,在最低层次上是代数方程;然后,在较高水平上是微分方程。这个极度的简化至少有容易被理解的优点,因为我想听众中几乎没有人会对下面形式的方程发怵的:

$$ax^3 + bx^2 + cx + d = 0。$$

现在,就让我把这个作为起点,然后将人类为了解它所做出的几个世纪的努力压缩到几分钟来讲解。

关于这个方程可以问的最基本的问题是：未知数 x 有多少个解？这取决于系数 a,b,c,d 的值，要列举所有可能的情形是非常繁杂的。实际上，有一位著名的数学家，他要不是生活在 12 世纪，肯定会得诺贝尔文学奖，曾写出一本专著来列举各种可能的情况，我想，总共有 26 种不同的情况。我说的这位是波斯数学家、天文学家、学者和诗人奥马·海亚姆（Omar Khayyam）。又过了几百年，数学家采取一种更广泛的观点之后，头绪理清楚了，从而得出结论：只要系数不全为零，这个方程就总有三个解。这时需要作三个约定：

（ⅰ）解是可以"重复的"，即同一个解可以重复计数。

（ⅱ）可以有一个无穷解（如果 $a=0$）。

（ⅲ）可以有非实数的解，即可以牵扯到虚数

$$i = \sqrt{-1}。$$

这三个约定中最重要的是第三条，即引进了一个复数。数学中与其他地方一样，许多事习惯之后就不以为然了。现在，物理学家、工程师以及中学生们很随便地使用着 $\sqrt{-1}$。然而，它却是人类最伟大的发明之一，正如牛顿之后最伟大的数学家高斯所说的："$\sqrt{-1}$ 的真正的超现实性是难以捉

摸的。"

因而,在这种意义下,一个三次方程有三个解,而一个 n 次方程(与 x^n 有关)有 n 个解。注意,这是一个基本的定性的结果,它只考虑了根的个数,不考虑根的大小、是否为实数以及其他的性质,更没有讨论怎样去求这些根。

现在,假定我们考虑一个有两个未知数的方程,例如

$$x^2 + y^2 = 1 \tag{1}$$

$$x^3 + y^2 = 1 \tag{2}$$

每个中学生都知道,第一个方程是 (x, y) 平面上圆的方程,但是用几何方式来解释代数方程却是笛卡儿(Descartes)的伟大贡献。把它看作函数 $y = \pm\sqrt{1-x^2}$ 的图像,这就是所有科学家都熟悉的函数的图像表示的先导。然而,大家不那么熟悉却使人印象更深的是,如上所述我们允许复数解(以及无穷解与重复解)。这样 (x, y) 平面现在就得看作有两个复维数,或者四个实维数了($x = x_1 + \mathrm{i}x_2$,$y = y_1 + \mathrm{i}y_2$),而解的集合(图像或者曲线)就有一个复维数或者两个实维数。结果,在这种意义下,满足方程(1)的点组成了一个球面(图 2),而满足方程(2)的点组成了一个环面(自行车轮胎),即在球面上打了一个两头通的洞(图 3)。

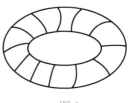

图 2   图 3

这就是这两个方程在定性上的基本差异。在这里,曲面的形状就类似于一元方程中解的个数。我们依然不管其大小以及其他性质。因此,我们对于二元方程的分类,就像一个优秀的生物学家所做的那样,不是依据表面的差异,而是根据基本的结构性特征。当然,也像在生物学中一样,我们希望这些结构性特征能够反映它们重要的功能。对于我们的方程而言,的确是这样,因为下面两个积分

$$\int \frac{\mathrm{d}x}{\sqrt{1-x^2}} \quad 与 \quad \int \frac{\mathrm{d}x}{\sqrt{1-x^3}}$$

在性质上有巨大的差异:第一个只涉及三角函数,而第二个则涉及椭圆函数,对它的研究是 19 世纪一项主要的工作。

一般而言,任何二元多项式方程都会给出一个带洞的曲面,洞的个数叫作曲面的**亏格**,它可以取任意值。这就是为什么带洞的曲面不仅是一种有趣的消遣,而且是方程论中相当重要的东西。这些内容在 19 世纪的中叶就已经都知道了。那以后,人们做出了巨大的努力,主要是 W. 霍奇(W. Hodge)爵士,将这些结果推广到多元方程的分类以及方程组的分

类。现在解就得用一个 k 维复"曲面"或 $2k$ 维实"曲面"的点来表示了。这些"曲面"通常称为**流形**。

可以想到,这时的可能性就更多种多样了。首先,"洞"就可以有不同的类型、不同的维数。例如,平面上圆周的内部是个一维的洞,因为我们可以用一段绳子来围住它,环面上的洞也是这样;不过,球面的内部就是一个二维的洞了,因为得用一个袋子才能围住它。此外,这些洞并非彼此无关的,它们可用非常复杂的方式纠缠在一起。例如,在四维流形上,可以有一维、二维、三维与四维的洞。结果,一维洞的个数必须等于三维洞的个数,而四维洞却只有一个,即其"内部"。

要想直观地看到这些高维流形是非常困难的,然而它们却像在我们所熟知的三维空间中的几何对象一样地"真实"而且重要,因为一个函数的图像不必真地与物理空间有联系。为了对付这些困难,需要一整套的新语言与新技巧,它们就是称为**拓扑学**的学问。

在考察二元方程时,我们得到了熟知的曲面,并且知道如何区分它们:"看看洞的个数"就行了。在处理多元方程以前,首先得了解流形该如何构造以及在洞的周围它们的构造如何。至此,我们就不限于只考虑由方程的解所定义的流形了(它们实际上只是很小的一类),特别地,我们可以考虑任意的实维数的流形,而不仅是偶维数的。

可以问的一个有关的问题是：三维空间的几何直观有多少还能在高维空间适用。除了一些明显的推广，例如可以有高维的洞之类，是否还有一些在我们日常经验中所没有的全新的现象呢？为了说明这一点，想象我们生活在一个二维的世界上。那么，当一个有冒险精神的数学家进入到三维世界，发现在那里存在着纽结，一定会大吃一惊。

大约 20 年前，一位名叫 J. 米尔诺(J. Milnor)的年轻的美国数学家，在高维空间中发现了全新的现象。为了解释他的发现，首先我得提醒你注意一下在数学中的连续曲线［没有跳跃的曲线(图 4)］与光滑曲线［没有折角的曲线，切方向没有跳跃的曲线(图 5)］之间的重要区别：

图 4   图 5

对于拓扑学家而言，这两种曲线是等价的，因为他很乐意"沿着折角拐"。米尔诺惊人的发现是：在高维空间中想沿着折角拐并不那么容易——事实上也许是不可能的。用数学语言来讲得更精确些就是，米尔诺给出了两个七维流形！一个是八维空间中用方程

$$\sum_{i=1}^{8} x_i^2 = 1$$

给出的标准球面 S^7，另一个是"怪球面" M^7。如果允许出现折角，M^7 就可以形变为 S^7，然而这种变换却不是光滑的。换句话说，存在两种不同的分类方法，一种只用连续性（拓扑方法），另一种还要求切线（导数）的连续性（微分拓扑方法）。而且米尔诺证明了恰好有 28 种不同的七维"球面"。

无疑的，这是 20 世纪数学的一个里程碑，它开辟了一个广阔而活跃的研究领域。但是，在一段时期内，人们觉得这些怪异流形也许完全是人为的构造，不太可能出现在任何自然的背景中，特别不会与代数方程有关。当然，米尔诺球面的维数是七，它当然不会直接表示某个代数方程的解流形。然而，几年之后，人们就发现它们其实是密切联系在一起的，我马上解释这一点。

首先，让我提一下我演讲的题目。大范围几何学，顾名思义，就是研究整个流形，例如洞的个数。局部几何学研究的是流形的一小部分。从拓扑的观点看，这些小部分都一样。只有在下面两种情形才会出现有趣的问题：一种是研究更细致的问题，它们与距离、曲率等有关（这就是局部微分几何，这里不谈）；另一种是考虑带有**奇点**的流形。迄今为止，我根本没提奇点这回事。然而，在曲线的情形就已经可以产生奇点了（图 6）。如果考查一个锥（图 7），就可以发现，在奇点（顶点）附近的局部性状显然反映了锥的基底（它比锥低一维）的大范围的性状。粗略地说，可以认为将奇点附近的几何学在显微镜下放大了观察,就可以得出锥的基底的大范围几何学。特别地,如果我们的锥表示的是一个代数方程的解,那么它的基底就是奇数维的。后来,人们知道,米尔诺的怪球就可以用这种方式产生,它描述了下面这个特别简单的方程

$$x_1^3 + x_2^5 + x_3^2 + x_4^2 + x_5^2 = 0$$

在原点附近的性质,这是布里斯科恩(Brieskorn)在 1966 年的发现。这项发现很自然地引发了关于奇点局部结构的大量工作。

图 6   图 7

从这个例子应当可以很清楚地看出,一个方程的解可以极为复杂,即使方程极为简单。要从一个方程的代数形式来决定解的拓扑性质绝不是一件容易的事。实际上,不存在一个明确的公式,使我们能先验地知道洞的个数。也许对于每个方程,可以编一个程序让计算机来计算,等到算出足够多的解之后,就可以画出其图像了。好在情况还不至于糟到这样。有时也有一些非常简单的公式。一般而言,也有一套代数程序,使得从一个方程出发即能决定洞的个数。但是,这却集中了世界上最优秀的数学家们的巨大努力,直到最近才

得到解决。事实上，这个代数解法的动力来自数论，它把我们带回到几千年前去了。

在早期，一个方程，例如 $x^2 + y^2 = 25$，它们的系数总是整数，而 x, y 总是代表未知**整数**；只是在后来，未知数 x, y 才允许为分数、实数，最终为复数。解这种不定方程完全是另一码事。用几何的语言来说，要求的就是一条曲线上正巧是平面上格子点的点，如图 8 所示。

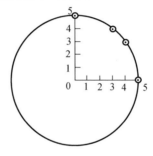

图 8

在这个特殊情形，方程是容易解的。然而一般情形却有巨大的困难。即使过了两千年，这一学科发展依旧不成熟。因而，数论专家们首先考虑模一个素数 p 的情形，即

$$f(x, y) \equiv 0 \bmod p,$$

这意味着 p 除尽整数 $f(x, y)$。很显然，一个整数解对所有素数 p 都是一个同余解。其逆一般并不成立，然而这却是朝正确方向迈出的坚实的一步。

容易看出，若 (x, y) 是任何一个同余解，那加上 p 的倍数

又可得到另外一组解。所以,可以假设整数 x,y 在 $0,1$,$2,\cdots,p-1$ 中取值,并在所有的计算中都把 p 的倍数丢掉。实际上,如果这样来对待集合 $\{0,1,\cdots,p-1\}$,它就像所有分数的集合一样,可以加,可以乘,还可以用任何非零元去除。因此,如果 $p=5$,就有

$$3\times 2\equiv 1\bmod 5 \text{ 或者} \frac{1}{2}\equiv 3\bmod 5。$$

我们想知道,对于这个新的代数系统(它的元素只有有限个)而言,我们的方程有多少个解。近来最主要的成就之一,就是对任意多个方程、任意多个变元以及所有素数,都完全解决了这个问题。这个重要的结果是说,解的个数可以用原方程的复数解流形的洞的个数表示出来。因此,我们关于解流形的结构必定反映方程其他性质的这一信念最终得到了成功的证实。

现在,我来试图解释一下在复数解流形的洞的个数与 $\bmod p$ 解的个数之间存在的这一奇妙的联系。为此,我首先需要用到两个基本的同余关系:

$$(x+y)^p \equiv x^p + y^p \bmod p \qquad (1)$$

$$a^p \equiv a \bmod p \qquad (2)$$

第一个同余关系从二项式定理推出,因为所有的中间项都能被 p 整除,然后,重复运用第一个同余关系($y=1,x=1$,$2,\cdots$)就能得到第二个。因而,这两个同余式的性质略有不

同。第一个式子在将我们的系统 $\{0,1,\cdots,p-1\}$ 扩充时,就像从有理数扩充为复数那样,依旧是成立的;然而第二个式子却只对 $a=0,1,\cdots,p-1$ 成立。实际上,

$$x^p - x \equiv 0 \bmod p$$

作为 x 的方程,其**全部解**就是 $0,1,\cdots,p-1$,即使将这个系统扩大了,解也不会增加。换句话说,它可以分解成如下形式:

$$x^p - x \equiv x(x-1)(x-2)\cdots(x-(p-1)) \bmod p$$

现在,假定有一个同余方程

$$f(x,y) \equiv 0 \bmod p$$

我们首先在扩大了的数系中去求解:这就类似于我们的复数解流形。如果将 (x,y) 换成 (x^p,y^p),则由上面的同余关系(1)[再加上明显的同余关系 $(xy)^p = x^p y^p$]可知这就是一组新的解。这样一来,我们就得到了"解流形"上的一个"运动"(图 9)。

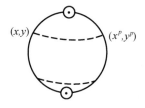

图 9

我们要找的解就是那些满足关系式 $x^p \equiv x$ 与 $y^p \equiv y$ 的解,即上述"运动"的**不动点**。因此,我们所要的就是一个计算这个"运动"的不动点个数的公式。

现在,还是让我们回到复数解流形这个"现实生活"里

来。在这里将(x,y)换成(x^p,y^p)是不允许的,因为它不能保持方程 $f(x,y)=0$ 不变。然而,此时却有其他更几何化的概念。例如,在普通的球面上,可以有旋转以及关于中心的反射。旋转有两个不动点(两个极点),而中心反射将每个点变为其对径点,就没有不动点。这两个映射之间的差别在于反射将球面翻了个个儿,它影响到了二维的洞。这种情况在下述意义下其实是很典型的。一个流形上的任何运动对于不同的洞的影响是不同的。有一个著名的公式,即莱夫谢茨**不动点公式**,可以将不动点的个数用该运动在各个洞上的影响很简单地表示出来。法国数学家韦尔大胆地想到,可以将这个关于实流形上有关几何运动的莱夫谢茨公式,用于模 p 的解流形上将(x,y)换成(x^p,y^p)的代数运动。要使这一想法有意义,首先就得知道,从代数上说洞的意义是什么。为了给出这样一个代数定义,人们研究了大约 20 年,最后在仅仅两年前才获得巨大的成功,那就是年轻的比利时数学家 P. 德利涅(P. Deligne)的工作。我很高兴这一伟大的成就也引起了皇家学会的注意,另外莱夫谢茨与韦尔都是它的著名外籍成员。

最后,我想用几句话做一个总结。19 世纪的数学主要是有关单变量函数的,而 20 世纪的主题却是多变量的问题。因此,人们对于基本的结构性特征给予了极大的关注,而这最终导致了代数方程离散与连续方面的引人注目的联系。在很多方面,它使我们想起了可以用微分方程来进行数学描述的物质的波粒二象性。

参考文献

[1]Brieskorn E V. Examples of singular normal complex spaces which are topological manifolds[J]. Proc. Nat Acad. Sci. U. S. A,1966,55:1395-1397.

[2]Deligne P. La conjecture de Weil Ⅰ[J]. Publ. Math. Institut des Hautes Etudes Scientifiques,1974（43）: 273-307.

[3]Milnor J. On manifolds homeomorphic to the 7-sphere [J]. Ann. Math. ,1956,64:399-405.

[4]Weil A. Number of solutions of equations in finite fields [J]. Bull. Am. math. Soc. ,1949,55:497-508.

（余建明译；沈信耀校）

纯粹数学的历史走向[①]

导　言

在这个演讲中,我打算描述一下在过去很长时期内数学的发展趋势,当然仅仅限于与数学教育有关的方面,因为数学教育是本次大会的主题。与其他很多领域相似,如今数学研究正飞速发展,在很短时期内,学科就发生了根本的变化,课题从时髦变得不时髦,速度惊人,要想使数学教育去尝试和反映学科前沿的这种变动是完全不可能的事。事实上,教育界快速地跟着学术界变动并接受人们强加的某种热情对其必定是有害的。但这并非意味着教育的任何改变都是坏的,也不意味着欧氏几何还应作为一切数学教育的根基。我只是想强调将对数学教学产生影响的只是数学发展中的主要方面。

因此,我要回顾一下过去几百年的数学并评述一下其中发生过的主要变化。在我的评述中自然会带有学科上的倾斜,因为我不可能平等地处理数学中的每个部分。这里我要

---

① 　原题:Trends in Pure Mathematics。本文译自:3rd ICME Proc. 1977:71-74。

对将要讲的内容中很多被省略的或过于简化的部分预先表示歉意。

人们常常断言现代数学无论在精神上还是内容上与传统数学都完全不同,我将用某些细节来检测这种观点。为了简化起见,我将分界线定为 20 世纪初左右。这自然有些粗略,历史学家们可能是以完整的世纪作为标记的,对此数学家们也知道得很清楚。诚然,刻画现代数学的新思想源于过去,同时,大量的古典数学一直蓬勃发展到今天。但从1900 年以后,我们可以看出数学里的重大问题中心的转移。

古典数学

我们首先简单地总结一下 19 世纪末以前的数学中的问题与成就。概括地讲,数学可以说是依次来源于与计算、几何、物理有关的实际问题。关于数的概念的发展以及对它与几何、物理的关系的真正的理解,曾在几个世纪中都是数学家们最关注的问题。我们可认真地回忆一下困扰过希腊人的问题,如芝诺(Zeno)悖论,欧几里得(Euclid)平行性假定等一直到 19 世纪才得以解决。这时实数要求建立在与几何无关的基础上,与此同时几何则由于波尔约(Bolyai)和罗巴切夫斯基(Lobachevsky)的研究结果得以从物理中解放出来。

在早期,可以说典型的问题是关于寻找某个未知量的值。这类问题最明显的形式可归结为求多项式方程

$$p(x) = 0$$

的根。很自然,这个问题在几个世纪中都占有中心地位,但问题的性质直到 19 世纪早期通过伽罗瓦和阿贝尔的工作才真正地被理解。

下一个典型的数学问题是寻找未知的函数 $f(x)$,它从笛卡儿和牛顿的时代就扮演了越来越重要的角色。从几何上看图像 $y = f(x)$,它可以是一条具有所要求性质的曲线,而用物理术语说,可以认为它是在外力作用下质点运动的轨迹。典型的未知函数 f 都满足一个微分方程。研究微分方程一直是数学在物理世界中唯一最深刻的应用。然而不幸的是它也是最困难的问题,至今仍在困扰着我们。

古典数学在 19 世纪那些伟大的分析学家手中达到了巅峰,其最显著的成就是抓住了无限性问题,这是实变量函数概念的基础。随着这个基础的真正确立,数学就有望取得更伟大的成果。

多变元问题

这些更伟大的成果是什么呢? 我认为答案是简单的、实际的,但具有深远意义,即研究 n 个变元 $x_1, \cdots, x_n$ 和 n 个变元的函数 $f(x_1, \cdots, x_n)$。如果人们要讨论 19 世纪数学与 20 世纪数学的最主要的区别,那么我想是 20 世纪对多变元函数的研究变得越来越重要了。

这并不使人感到惊讶。当单变量问题变得能驾驭之时，数学家们变得更有抱负，转向了多变元问题。产生于物理世界的数学问题，通常至少是三维的！很清楚，这里需要研究多变元。不清楚的是为什么从单变元跳到多变元时会产生本质的困难，以及为什么需要这么多的新思想与新技巧。

可以这样解释：单变元 x 与多变元 $x_1,\cdots,x_n$ 之间的差别本质上是几何的。事实上在一条线上的几何可以说是平凡的（因为实数是有序的），而当维数至少是二或三时，其几何概念就变得复杂而重要了。我们用下面三种不同的方法说明这点。

（1）局部的

在一条线上，原点处只有两个方向（图1）；而在平面上，在原点处有无穷多个方向（图2）。

图1 图2

（2）整体的

对于一条线，只有一种方法将它封闭，即作成一个圆[图3(a)]；但对于一个平面却可以有多种方法使它成为封闭曲面，如球面[图3(b)，用立体投射法]、环面[图3(c)，将一正方形对边黏合]等。

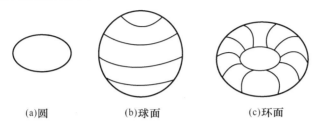

(a)圆　　　　　　(b)球面　　　　　　(c)环面

图 3

（3）代数的

在一条线上没有刚体转动,而二维或三维时有无限多个旋转。在二维时转动用一个角来表示,两个转动作用是可以交换的,但在三维时,不总是可以交换的。

第三个例子表示出当我们从二维过渡到三维时,出现了一些新现象,而且一般说来随着维数的增加,问题会更难。"活动的余地"多了,我们会遇到料想不到的困难,如第二个例子,在平面上描述所有封闭化的方法很容易,而在三维时那仍是一个未解决的问题。

面对出现的这些新困难,我们有哪些一般的原则可能使问题简化呢？至少有两点很容易解释,而且它们是推动大部分 20 世纪数学的动力。这两点是:

（1）对称性

如果一个问题有某种对称性状,则通常可以简化。例

如,已知一个三维函数 $f(x_1, x_2, x_3)$ 是关于原点球对称的,则可将其写为一个变元,即半径

$$r = \sqrt{x_1^2 + x_2^2 + x_3^2}$$

的函数。对称在数学上对应的学科是群论,它已渗透到整个现代数学(以及数学物理中的绝大部分)之中。

(2) 定性分析

当问题太复杂以至于无法得出解的精确表达时,我们可以对未知函数的全部性质加以定性描述。这个概念对应的数学学科是拓扑学。例如,球面与环面之间的不同就是有趣的拓扑现象的最简单的例子。

为了开发利用这两条法则,已发展了合适的工具。此外,在代数几何(研究多变元多项式)和偏微分方程(对几个变量作微分)方面也建立了更标准的技巧。

抽象化——公理时代

如我上面所指出的,19 世纪与 20 世纪数学在内容上的主要差别在于复杂的程度,用数量观点说就是所涉及变量的个数不同。这种内容上的差异导致方法上的不同,即更强调一般法则以及公理方法的广泛应用。常听到一种说法,说现代数学的特征就是自由化,人们自由地建立公理,然后从公理推出新的规则,形成一个独立的体系,与传统的数学问题

没有关系。我认为这种观点是错误的。下面让我讲一下我所理解的公理方法的作用。数学中最古老的、最有影响的公理化处理方法自然是欧几里得所做的。但欧氏几何的公理是由人们的亲身体验而得出的不证自明的真理。费了好长的时间,数学家们才认识到,可能有其他的几何(如双曲几何)存在,能够更好地描述外部空间,最后终于渐渐悟出,欧氏几何只是宇宙中几种可能的几何模式中的一种。

你会留意到,我几乎不加区别地使用"模式"与"公理"两个词。实际上前者为应用数学家和物理学家使用,纯粹数学家则更青睐于后者。当一个应用数学家建立一个物理过程的模式,他要做的事是决定哪些物理因素是重要的,哪些(至少在最初考虑时)是可以忽略的。然后从他的简化假设推出(如果他能做)理论上的结果,再将其与客观实际相比较。

面对复杂程度大大增加的数学问题,纯粹数学家的反应基本上也是这样的。他们集中注意于问题的各个不同的方面,将这些放入他们的公理中考虑有哪些推论。像物理学家一样,认识哪些基本性质是很多数学问题所共有的,值得抽象并加以公理化,这是一个经验与判断的问题。毕竟,精密的考查多少会给原始的数学问题带来新的曙光。

无疑,20世纪发展了很多数学中新的抽象分支,但是它们不应当被看作独立的自我包含的东西。我们宁可把它们看作一种便于管理的分类,其中每一个都建立起某类完善的工具,都是解决具有数学特征的自然界的问题所需要的。

新的抽象分支中,第一个是代数。这并不奇怪,因为从最开始代数就是抽象化的——用符号代表数或其他更复杂的量。抽象代数或近世代数是一种更高层次的抽象:符号不代表任一东西,只有它们之间的运算法则和相互关系才是有意义的。可以说,代数是解决某类问题的机器,而抽象代数是制造机器的机器。

简而言之,近世代数可分为两部分:交换的和非交换的。前者研究的是多变元多项式,后者的中心主要是围绕群论的,对于对称进行抽象研究。现在看得出,这两部分对高维问题都很重要。

20 世纪第二个重要的抽象分支是拓扑学,它可以抽象化地研究连续性。这也是不奇怪的,因为拓扑潜藏于绝大多数数学领域中。

最后我应提到另一个重要的抽象分支,它的名字叫作泛函分析和线性分析。这里,典型的基本对象是希尔伯特(Hilbert)空间,即无限维的欧氏空间。空间中的点通常表示函数 f;由于我们几何直觉很强,所以用几何术语是有好处的。这样,如果不考虑无限维空间,一个未知数的代数方程与一个未知函数的微分方程之间就不存在差别了。研究 n 维空间时几何方面的困难在 $n=\infty$ 时当然会更加严重。这也可以说明为什么微分方程问题遇到如此大量的困难。

第二阶段——相互影响

很难说清我刚列举的各门抽象分支的基础建立的确切时间，但估算下来，说它们出现于 20 世纪早期而完善于 50 年代总是差不多的。每个领域在技巧的发展与精细构造的确立方面都有非常大的进步。尽管仍然留下一些技术性的难题，但主要的性质是清楚的，由最初的公理得出推论的工作也已经彻底完成。

每个学科经历了内部发展与内省过程后，就逐步进入与其他学科相互影响的时期。这种相互影响由于各种原因发生在一些学科的边缘区域。

在代数与拓扑的边缘区域，这种作用最活跃。代数与拓扑互相影响太强了，以至于从拓扑中分离出一个自成一体的生气勃勃的分支，叫作代数拓扑。在其中，拓扑性质的信息都化为代数形式。让我们还用第 3 节中谈到的平面或三维空间"在 ∞ 上封闭"的例子来说明。记得那里有几种不同的"封闭"方式，问题是如何用代数方法来区分这几种不同的可能性。答案可以从观察空间中的某种回路（loop）得到，这种回路的特点大致是到 ∞ 再回来的闭路。如果两个回路中一个可连续地变形为另一个，则我们对它们不加区别。维数为一时，我们的空间是一个圆，一个回路完全由绕圈次数定出，从而可用一个整数表示（负整数对应于反向旋转）。一般我们可以在一个回路之后接着第二个回路，即合成。于是这些回路在合成下作成一个抽象代数意义下的群。一维时这个群就是整数加法群。高维时我们得到不同的群（通常不是交换的），这就是所谓基本群。它是空间的一个非常有价值的性质。基本群是 20 世纪早期由庞加莱引入的。它提供了代数与拓扑之间富有成果的联系。

上面讲过群是对称的抽象化。在这些例子中对称在哪里呢？先考虑一维，即圆的情形。我们可以将圆"解开"成为一条无限长的直线。这时可以考虑由上下位移整数距离给出的线之间的对称。将一个点与它的所有的位移（通常记为 $\theta + 2n\pi$）视为等同，则由线又得到圆。高维的情形类似；把我们的空间"解开"为所谓泛覆盖空间的形式，基本群就是这些新空间之间的对称群。

谈到代数拓扑还要提到一个最近新出现的科目，名字叫"同调代数"。其中拓扑的思想已跟代数的各部分研究紧密相连，特别是与多变元多项式密切相关的东西。我现在花几分钟来讲讲它的基本面貌。让我们先回顾一下前面考虑的空间以及代数拓扑中使用的一般技巧。这就是空间的三角化。将空间分为三角形（或四面体），然后将它们拼起来使得三角形彼此有公共边。显然空间由这种组合格式所确定。

麻烦在于空间三角化有很多不同的途径。换句话说,我们的组合格式包含有多余的信息。问题是提取三角化中独立的信息。基本群是这种信息中的一个,但还有其他信息,它不仅仅依赖于边,还依赖于三角形(及高维时的类似物),这就是名为同调的东西。大而化之地说,同调是计算空间中洞的个数。

目前同调理论中的技巧在纯代数上有很多应用——因此名之为同调代数,特别是应用在多项式方程上。为了解是如何应用的,可考虑多项式方程组

$$f_j(z_1,\cdots,z_n) = 0, j = 1,\cdots,m,$$

我们感兴趣的是这些联立方程的解,简称其为零点。麻烦的是有很多组多项式 f_j 引出相同的零点(除非 $n=1$,这时 f 基本上是唯一的,当 $n>1$ 时,我们会看到新的现象),进而 f_j 不一定无关。它们之间可能有联系,即有形如下式的恒等式:

$$(*) \qquad \sum_{j=1}^{m} g_j f_j \equiv 0,$$

其中每个 g_j 都是 $(z_1,\cdots,z_n)$ 的多项式。

注:如果任一 g_j 是一非零常数,用它除以式($*$),可解出相应的 f_j。对一般多项式我们不能除,始终保持多项式形式。

也许有很多这一类的关系,但由著名的希尔伯特基底定

理可知,任一关系都是有限个基本关系的推论。我们用 $g_j^k(j=1,\cdots,m;k=1,\cdots,s)$ 记基本关系式的系数,则它们可能有关系

$$\sum_{k=1}^{s}h_k g_j^k \equiv 0, j=1,\cdots,m,$$

继续用此方法一次次地导出所有这些关系,最后得到一个复杂的多项式代数概型 $(f,g,h,\cdots)$,我们可将它与一个空间的三角化相对照,f 对应顶点,g 对应边,h 对应三角形等。主要问题仍是抽出那些跟多项式集合和描述它们的关系相独立的零点的信息,结果是用同调论的概念给出此问题的一个答案。

这些来自代数与拓扑的例子说明在一个领域中孤立地发展出的技巧却可以应用在完全不同的科目中。各种可以作更多预言的发展往往要返回到进行抽象之前的原始数学问题中去。在很多原始问题中情况比简化后的最初抽象要复杂得多。这样一些更精密的分支发展起来,以便处理这类问题。典型地,代数、拓扑和分析成为一种熔合的理论。举个例子,对称性来自几何中,如三维空间中的旋转群。加上连续性,旋转群又是拓扑(或连续)群的例子。另一个例子,将代数和泛函分析都加上,考虑的不是一个微分方程,而是有几个。这些方程之间的代数关系很重要。这引出一门学科,也许可以叫作代数分析(通常文献中称为算子代数)。量子力学提供了这种思想的最重要的应用。回忆一下,著名的

海森堡（Heisenberg）交换关系写为下述形式：

$$PQ - QP = 1,$$

其中 Q, P 是对应于位置和时刻的算子，一种标准表示是取

$$P = \frac{\mathrm{d}}{\mathrm{d}x},$$

Q 的作用是乘以 x。P 和 Q 都看作作用于 x 的（平方可积）函数空间的算子。

当一种特别的抽象理论为某类新问题提出了好的模型，它就会得到发展。例子就是概率论，它的现代形式是线性分析的一个特别的分支。尽管它很重要，但这里我不再多说，因为我不是这个领域中的行家。

再回到群论，我们可以看到所有类型的相互影响，我们可用图 4 来表示：

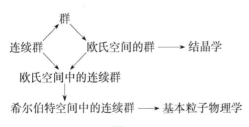

图 4

欧氏空间中格的对称群有众所周知的重要性及对结晶学的应用。最近，在基本粒子的量子论中，已搞清楚希尔伯特空间（无限维欧氏空间）中洛伦兹（Lorentz）群的对称性是

基本的。由于物理学家的鼓励,数学家们已经卖力地在希尔伯特空间的对称性方面工作,这是一个代数、拓扑和线性分析相综合的大课题。

另一个值得注意的相互作用发生在拓扑与经典的单复变函数论之间。在企图将这种漂亮的理论推广到多复变函数时,数学家发现了一种全新现象。例如,在单变元时,一个解析函数可以只有一个孤立奇点,而在多变元时不可能发生这种情况。或者说奇异性总可以消除。20 世纪 30 年代这方面有了很大进步,但还是遗留下很多困难。然而到 20 世纪 50 年代拓扑学中发明了新方法,提供了必要的精确工具,搞清楚了多复变元的整个理论。这是一个令人难忘的进步。特别有趣和料想不到的是这种多复变元的拓扑理论正是研究目前时兴的广义相对论的某种模型的正确语言。当然现在说"几何对物理的这一新的应用将类似于黎曼几何对爱因斯坦的相对论起的作用"这句话还为时过早。

现在我用几个一般性的观点来结束关于不同领域之间相互作用的概述。

(1) 每个不同的专业都建立在有限个公理之上,它们各自的发展以及完善它们的工具和技巧并不妨碍不同领域之间的有效的相互作用。相反,通过很好的组织,它可能实际上帮助了潜在的使用者。这就像走进一个现代的大百货商店,所有商品都被正确地分了类,要找你所需的东西就比较容易了。

(2) 从一小组公理(如在群论和拓扑中)出发,你能走得这么远是令人惊讶的,然而当它与其他领域相互作用时,就能取得更丰富的成果。

(3) 在任一数学领域中都有些很好的课题,向该领域的专家提出高度技巧性的挑战,却通常不能使一般的数学家感兴趣。打个比方,你想买一些手制的陶器,但你不会对陶工是用双手制的还是仅用一只手制的感兴趣,可那个陶工无疑对他的单手成品充满了骄傲。一般地,具有最广泛影响的数学成果并不是技巧上最困难的。

对教育的几点建议

到现在我讲的主题是:现代数学并非像有时所表现出的那样与传统数学分得很清楚。数学家们在重新组织力量,向不同的方向发展,然而基本对象仍然是同样的。差别更多的是在于方式方法,而不是在本质方面。如果牛顿或高斯重新出现在我们中间,为使他们能理解现代数学家们所处理的问题,仅需要很短的进修期就够了。

如果大家接受了这个观点,那么数学教育的内涵是什么呢?现在我斗胆来提出几点建议。

(1) 我想,过分强调数学中的形式结构是错误的。我不相信给小学生们引入集合、交换律、分配律等会是值得做的事。

（2）抽象化要在坚实的实验基础上才是有意义的。进而，当引入抽象的思想时，其用处必须要有具体问题给以证实。

（3）现代数学最好的方面是它所强调的一些基本思想，如对称性、连续性和线性性等，它们都是有广泛应用的。这应该在讲课中尽可能地反映出来。

（4）最后我想对于几何这个学科说几句话。欧氏几何最初是数学原始材料的巨大源泉，几个世纪以来都是学校教育的台柱，可是现在它失去了王位，被贬至后排座上。19 世纪的战场最终以代数与分析的胜利而告终，这最后必定导致欧氏几何在中学和大学的名存实亡。有种种理由使我觉得这是最不幸的事。首先，有人错误地理解了数学中已发生的这种变化。我一直试图指出，20 世纪的数学很大程度上是与这样的困难作斗争，它们的本质特征是几何的。说得确切些，这些困难是因研究高维问题出现的。当然对这种更一般的几何观点，欧氏几何的框架太窄了。然而，常常出现的情况是，欧氏几何下了台，却没有什么可以填补上这个空位。我对几何作用的减少感到遗憾的另一个理由是，几何直觉仍是增进数学理解力的很有效的途径，而且它可以使人增加勇气，提高修养。须知我不是强要别人增加任何一门几何课，我只是请求尽可能广地应用各种水平的几何思想。

也许,我在这里像讲道一样让别人改变信仰,可我对教育界的有关信息的了解是不充分的。无论如何,我讲出了我个人关于如何发展数学的观点,我希望这种一般的背景(虽然只是一种印象),对你们中的一部分人是有帮助的,对你们的工作会有所裨益。

在结束演讲时,让我再一次说明关于数学前沿发生的变化只能对教育产生隐约可见的影响。我深知,我们所要教的(或应当教的)东西是由很多实际的、社会的或教学的因素直接影响而决定的。

(冯绪宁译;袁向东校)

数学的统一性[①]

引　言

　　关于主席就职演说的作用有几种不同的看法。一种看法是我的前任 D. 肯德尔（D. Kendall）提出来的，他觉得主席必须去填补每年一度的全会及晚宴之间这种尴尬的时刻，所以他的演说应该简短，有趣，引人入胜。另一种站得更高的看法是主席的演说（即使不是对于听众，也是对于演讲者），是一桩难得的大事，因而演讲应该用来对整个数学或其某一个重要分支作一个总的评述。我承认第二种看法对我很有诱惑力，特别在重读 H. 外尔（H. Weyl）在《美国数学月刊》上发表的文章《半个世纪的数学》之后，就更加如此。但考虑到我们的数学以加速的步伐飞跃前进，以及没有人在掌握数学的广度和引文风格上能够赶得上外尔，我想如果能把最近这四分之一世纪的数学讲好，也就可以心满意足了。但即使这件事也是够吓人的，何况在这么高处飞翔，除了云彩之外，什么也看不到。由于考虑到这个原因，并且考虑到肯德尔的名

①　原题：The Unity of Mathematics。本文译自：Bull. Lond. Math. Soc.，1978：69-76。

言,我决定还是不离开地面太远。

因此,我希望利用这个机会来表明我个人对数学的看法。但是,我是通过简单的例子,而不是从哲学的普遍性的高度来谈的。数学最使我着迷之处,是不同的分支之间有许许多多的相互影响、预想不到的联系、惊人的奇迹。而我的目的将是用一些简单的例子来阐明这些。

这个演讲正如某些考试一样分成两部分,前面一半是容易的必答题,后一半是给较好的学生预备的选作题。前一部分,我从数学中的三个不同分支,列举三个简单的题目,然后说明它们彼此之间如何密切相关,它们虽然简单,但是包含着过去二十多年来已得到大大发展的思想的萌芽。而在第二部分我将提到一些惊人的结果,它的出现是这种发展的最终产物。因此,如果你觉得第一部分太容易,那么请耐心等一下听最后的结果,而如果你觉得第二部分太难了,那也不要紧,因为它的基本思想已经全都包括在简单的例子当中了。

三个例子

首先,我先从数论中众所周知的事实开始谈起。那也就是在环 $Z[\sqrt{-5}]$(由元素 $a+b\sqrt{-5}$ 构成,其中 a,b 是通常的整数)中,因子分解的唯一性不成立。特别我们有两种不同的因子分解

$$9 = 3^2 = (2 - \sqrt{-5})(2 + \sqrt{-5})。 \qquad (2.1)$$

假如我们引进理想元素

$$p = (3, 2 - \sqrt{-5}), \quad q = (3, 2 + \sqrt{-5}),$$

它们的乘积由下式表出：

$$pq = (3),$$
$$p^2 = (2 - \sqrt{-5}),$$
$$q^2 = (2 + \sqrt{-5}),$$

那就又能重新恢复因子分解的唯一性。这时，9 的那种不好的性质就可以用下面的恒等式来解释：

$$(pq)^2 = p^2 q^2。$$

其次，我们回忆一下几何中有名的对象——麦比乌斯 (Möbius) 带，描述它的最简单办法是把一个长方形的一对边扭一下以后粘在一起 (图 1)。

图 1

假如不扭，我们就得到一个圆柱面。人们对于麦比乌斯带的兴趣就是由于它的性质和柱面完全不一样。

最后，我从分析中选出方程

$$f'(x) + \int a(x, y) f(y) \mathrm{d}y = 0,$$

这是一个线性积分-微分方程。当然它依赖于核函数 $a(x,y)$,关于 $a(x,y)$ 的确切性质以后再说。

下面几节中,我将证明,这三个分别来自数论、几何和分析的例子是怎样十分自然地联系在一起的。

圆

为了把我们数论的例子和麦比乌斯带的例子联系在一起,很自然地考虑到一个介乎其间的对象——圆(麦比乌斯带的轴)

$$x^2 + y^2 = 1 \qquad (3.1)$$

我们考虑以 x 为变元的实系数多项式环 $R[x]$。它与通常的整数环 Z 很相像,因为在这两种情形,因子分解唯一性定理都成立。我们可以把 $y = \sqrt{1-x^2}$ 的无理性看成和 $\sqrt{-5}$ 相类似。于是在具有等价关系(3.1)的环 $R[x,y]$ 中,我们有

$$x^2 = (1-y)(1+y)。 \qquad (3.2)$$

这也正如(2.1)那样,表明因子分解的唯一性定理不成立。

我们照第 2 节那样,可以引进理想元素

$$p = (x, 1-y), \quad q = (x, 1+y)。$$

其乘积由下式表出:

$$pq = (x), \quad p^2 = (1-y), \quad q^2 = (1+y)。 \qquad (3.3)$$

比起 $Z[\sqrt{-5}]$ 来,环 $R[x, \sqrt{1-x^2}]$ 的好处是我们有圆

的几何学供我们参照使用。理想元素 p,q 可以表为图形（图 2）中的 p,q 点。

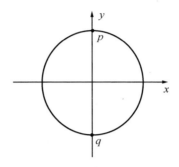

图 2

实际上，p 是满足两个方程 $x=0$，$1-y=0$ 的唯一点；q 是满足两个方程 $x=0$，$1+y=0$ 的唯一点。恒等式（3.3）从几何上可以解释为 $x=0$ 与圆相交于 p 和 q，而 $1-y=0$ 是 p 点的切线，$1+y=0$ 是 q 点的切线。于是在 $R[x,\sqrt{1-x^2}]$ 中，因子分解唯一性定理不成立就和下面的事实有关：圆上的一个单点不能只由一个额外的多项式方程 $f(x,y)=0$ 决定。

如令 $x=\cos\theta$，$y=\sin\theta$，则任何多项式都变成连续函数 $f(\theta)=f(\cos\theta,\sin\theta)$，它是周期函数 $f(\theta+2\pi)=f(\theta)$。f 的图形可以像通常那样画在平面上（图 3），或者，更好一些，把 $\theta=0$ 和 $\theta=2\pi$ 等同起来，把 f 的图形画在圆柱面上（图 4）。由直观显然可以看出，f 的图像必定通过 $f=0$ 偶数次。因此，一个点不能用单独一个方程表示出来，本质上是一个拓扑性质。

图 3

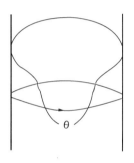

图 4

　　假如，我们考虑的不是一个周期函数，而是一个反周期函数，也就是一个函数 $f(\theta)$，满足 $f(\theta+2\pi)=-f(\theta)$，那么函数的图像就可以自然地画在麦比乌斯带上，并且这种 f 在 $[0,2\pi]$ 上可以有单一零点，例如 $f(\theta)=\theta-\pi$，其图形如图 5 所示。

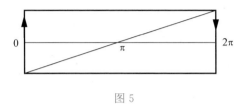

图 5

总结起来,麦比乌斯带的存在与 $R[x, \sqrt{1-x^2}]$ 的因子分解的不唯一性紧密联系在一起,而它形式上与 $Z[\sqrt{-5}]$ 又十分相似。

奇偶性

现在我来把麦比乌斯带(通过反周期函数)同前面的积分-微分方程联系起来。为确定起见,我们定义算子 A 为

$$(Af)(x) = f'(x) + \int_0^{2\pi} a(x, y) f(y) \mathrm{d}y \, .$$

假设 a 是斜对称的连续实函数,即 $a(x, y) = -a(y, x)$。我们进一步假设(1) $a(x, y)$ 对每个变元是周期函数(周期为 2π),或(2) $a(x, y)$ 对每个变元是反周期函数。

在情形(1),A 作用于周期函数;而在情形(2),A 作用于反周期函数。在这两种情形下,它都是斜伴随算子,即

$$\int (Af)g = -\int f(Ag) \, .$$

我们首先来考虑 $a = 0$ 这种平凡的情形[这是(1)和(2)两种情形的公共情形]。则 $Af = 0$ 蕴涵 f 是常数。所以在情

形(1)，$Af=0$ 具有一维解空间；而在情形(2)，解空间只含有 0。在一般情形下，我们有

定理 $Af=0$ 的解空间的维数在周期函数情形是奇数，在反周期函数情形是偶数。

证明 因为 A 是斜伴随算子，其特征值是纯虚数。因为 A 还是实的，故非零特征值成复共轭对出现。所以 A 的 0 特征值的重数（mod 2）在 a 的连续变化下不变。把 a 用 ta 代替，再令 $t\to 0$，就归结成我们上面讲的 $a=0$ 这种平凡情形。

注 （1）证明中用到 A 的特征值的连续性。这是不难证明的。

（2）取

$$a(x,y) = \sum_{n=1}^{N} \frac{n\sin n(x-y)}{\pi} \quad \text{（周期情形）}$$

$$= \sum_{n=1}^{N} \frac{\left(n-\frac{1}{2}\right)\sin\left[\left(n-\frac{1}{2}\right)(x-y)\right]}{\pi} \quad \text{（反周期情形）}$$

这就给出 A 的零空间是 $2N+1$（或 $2N$）维的例子。这表明所有可能的情形的确都会出现。

这个定理表明，麦比乌斯带及圆柱面的拓扑差别反映在算子 A 的奇偶性上。

模与丛

由近代观点来看,我们的例子中的因子分解的不唯一性可以表述为理想不都是主理想。换一种说法,也就是用模的概念来表述就可以更加几何化一些。我用我们的例子来阐明这一点,先从麦比乌斯带 M 开始。

让我们把 M 看成无限宽的带子(类似于无限长的圆柱面),那么 M 就可以看成直线族 M_θ,它可以用圆上的点 θ 来参数化。每一条直线是一维实向量空间,但没有预先指定的基。M 的法线构成这个圆上另外一个"直线丛"$M^\perp$。直和 $M \oplus M^\perp$ 是圆上的二维向量丛,θ 处的纤维是 $M_\theta \oplus M_\theta^\perp$。我们可以把这个丛看成 $\mathbf{R}^3$ 中麦比乌斯带的中心轴的法丛。因为这个轴是标准的平圆,所以其法丛是平凡丛,即有整体的基。所以(非平凡的)直线丛是平凡丛的直和因子。

现在我们考虑前述的环 $Z[\sqrt{-5}]$ 及理想 $p = (3, 2-\sqrt{-5})$。我们计算该理想的逆,得到

$$p^{-1} = p^{-2} \cdot p = \frac{1}{2-\sqrt{-5}}(3, 2-\sqrt{-5})$$

$$= \left(1, \frac{1-\sqrt{-5}}{3}\right).$$

因为矩阵

$$\begin{pmatrix} 1 & \dfrac{1-\sqrt{-5}}{3} \\ 3 & 2-\sqrt{-5} \end{pmatrix}$$

的行列式等于 1, 由此得出模 $p \oplus p^{-1}$ 是 $Z[\sqrt{-5}]$ 上秩为 2 的自由模, 而 p 不是秩为 1 的自由模(非主理想)。

用矩阵语言来说, 存在具有非平凡直和因子的秩为 2 的自由模等价于存在一个 2×2 的矩阵 $\boldsymbol{T}$(系数属于已给的环中), 使 $\boldsymbol{T} = \boldsymbol{T}^2$, 但 $\boldsymbol{T}$ 与标准幂等矩阵不共轭, 即 $\boldsymbol{T}$ 不能写成

$$\boldsymbol{T} = \boldsymbol{Q} \begin{pmatrix} 1 & 0 \\ 0 & 0 \end{pmatrix} \boldsymbol{Q}^{-1},$$

其中 $\boldsymbol{Q}, \boldsymbol{Q}^{-1}$ 为系数取在我们的环中的矩阵。

我们已经明确地考虑过的两个环是 $Z[\sqrt{-5}]$ 和 $R[x, \sqrt{1-x^2}]$, 后者与圆也即实代数曲线 $x^2 + y^2 = 1$ 有关。我们也可以把圆简单地看作拓扑空间, 在这种情况下, 就由圆上所有连续实值函数构成适当的环 $\mathscr{R}$(圆)。对于所有这三种环, 我们都有一个上面一样的"有趣的"2×2 矩阵 $\boldsymbol{T}$。

我在上面用例子来阐明的向量丛及射影模(自由模的直和因子)之间的类似性是极其富有成果的。这种类似性的基本想法来自塞尔[6]。特别是他还提出了猜想:(域上的)多项式环的射影模必定是自由模。因为多项式环在几何上对应于线性空间, 当域是 R 时, 线性空间是可缩的。通过拓扑的

对比就会得出这个猜想。多年来,塞尔猜想是一个重要的著名问题,最近已被奎伦(Quillen)用非常简单的证明肯定地加以解决了[7]。

近年来,向量丛在拓扑学、微分几何学、代数几何学中得到广泛的研究,得出了一大堆有趣的结果及应用。作为例子,我们只要回顾一下亚当斯[1]解决著名的球面上向量场的问题就行了。这个问题是关于 n 维球面上线性独立的切向量场的最大数目(作为 n 的函数)的。

丛与算子

麦比乌斯带的存在来自实数域的乘法群 R^* 的不连通性。更一般来说,一般拓扑空间上的 n 维向量丛依赖于 $GL(n,R)$ 的拓扑性质。对于各种目的,我们利用嵌入

$$GL(n,R) \subset GL(n+1,R)(由 A \to \begin{pmatrix} A & 0 \\ 0 & 1 \end{pmatrix} 给出) 使它随 n 增$$

加而达到稳定,常常是非常方便的。令

$$GL_\infty = \bigcup_n GL(n,R)。$$

这个空间出现于著名的博特周期性定理 2 中,这个定理是 K-理论[2]的基础。另一方面,它实质上等价于在泛函分析中自然出现的某个算子空间,这种等价的基础实际上就是第 4 节中所讨论的奇偶性。

为了解释这点,让我们考虑实希尔伯特空间 H(例如圆

上实 L^2 函数空间)。我们考虑所有的有界算子

$$A:H \rightarrow H,$$

用通常的算子范数

$$\|A\| = \sup_{|x|=1} |Ax|。$$

算子称为斜伴随的,如果对于所有的 $x,y \in H$,

$$\langle Ax,y \rangle = -\langle x,Ay \rangle。$$

于是 A 的谱在虚轴上。现在我们再假定 $\lambda=0$ 是有限重数的特征值,并在 A 的谱中是孤立的。这就等价于 A 在(有限维的)零空间的正交补空间上是可逆的。设 $\mathscr{A}$ 为所有这种 A 构成的空间,它具有由范数诱导出的度量空间的拓扑,于是我们有下面的定理[3]:

定理 GL_∞ 同伦等价于 $\mathscr{A}$。

特别是这两个空间有相同数目的(2 个)分支,GL_∞ 的分支与行列式的符号相对应,而 $\mathscr{A}$ 的分支由零空间的维数的奇偶性决定。

泛函分析

当实数域换成复数域时,我们有和上节的定理相类似的定理,用它可以得出纯粹泛函分析的定理,现在我们就来讲一下。

我们考虑复希尔伯特空间 H。回忆一下,H 上的有界算

子 A 称为弗雷德霍姆(Fredholm)算子,如果其值域是闭的,且 A 及其伴随算子 A^* 都具有有限维零空间 $\mathcal{N}(A)$ 及 $\mathcal{N}(A^*)$。于是我们定义

A 的指数 $= \mathcal{N}(A)$ 的维数 $- \mathcal{N}(A^*)$ 的维数。

注意算子 A 如满足 $A^* = \pm A$,则其指数为零。第 6 节中,我们的算子(除了实以外)是斜伴随的弗雷德霍姆算子,因此指数为零。然而 $\mathcal{N}(A)$ 的维数(mod 2)是一个 mod 2 的类似。

具有非零指数的弗雷德霍姆算子的标准例子是 k-移位 A,它可用标准正交基 $\{e_i\}$ 通过 $Ae_i = e_{i+k}$(对于整数 $k \geqslant 0$)来定义。显然 $A^* e_i = e_{i-k}$,其中 $e_i = 0$,如 $i \leqslant 0$;且 $\mathcal{N}(A^*)$ 由 $e_1, \cdots, e_k$ 张成,而 $\mathcal{N}(A) = 0$。因此,A 的指数 $= -k$,如果对于负整数 i,我们也令 e_i 为零,那么这个结果对于 $-k$ 也成立。注意

$$A^* A = 1 + (\text{有限秩算子}),$$

所以特别有

$$A^* A = 1 + \text{紧算子}。$$

如果用紧算子 K 来扰动 A,令 $B = A + K$,则我们得到:

(1)B 的指数 $= -k$;

(2)$\begin{cases} B^* B = 1 + \text{紧算子}, \\ BB^* = 1 + \text{紧算子}。\end{cases}$

性质(1)是一个更一般的定理——在紧算子扰动下,弗雷德

霍姆算子的指数不变——的推论，而(2)可由定理——紧算子形成所有有界算子代数中的双边理想——推出。还要注意性质(2)蕴涵 B 是弗雷德霍姆算子。

现在我们可以问它的逆问题，即(1)和(2)的每个解是否为 k-移位的紧扰动。下面的定理回答了这个问题。

定理　如果 B 是满足(1)和(2)的有界算子，$k \neq 0$，则在 H 的适当的标准正交基之下，$B = A + K$，其中 K 是紧算子，A 是 k-移位。

这个定理是布朗-道格拉斯-菲尔莫尔(Brown-Douglas-Fillmore)的深刻结果的一种非常特殊的情形[5]。它显然是纯粹希尔伯特空间的分析定理，它回答了一个简单而自然的问题。然而它的证明却是沿着第 6 节所讲的与拓扑有关的路线作出的。他们的结果也包括 $k = 0$ 这种除外的情形[5]，但是结论很不一样。其要点是：如果 $k \neq 0$，B 的本质谱是整个单位圆；如果 $k = 0$，B 的本质谱可以是任何闭子集 Σ。显然 Σ 是 B 的附加的不变量，一般结果是，若两个 B，其 $k = 0$ 且具有相同的 Σ，则这两个 B 在不计紧算子的差别下酉等价。

结束语

我演讲的主题是通过讨论由数论到代数、几何、拓扑以至分析中的一些例子来阐明数学的统一性。在我看来，这种相互作用决不简单是一种偶然的巧合,实际上它反映了数学的本质。在不同现象之中找出类同之处,并发展技术来发掘这种类同之处,是研究物理世界的基本的数学办法。因此,在数学本身范围之内,其内在的类同性也应该突出地显示出来,这也就没有什么可奇怪的了。我感觉有必要强调这一点是因为在公理化时代,人们倾向于把数学分成专门的分支,每一分支只局限于从给定的一套公理发展出一套推论。我并不完全反对公理化的办法,但要把它看成一种方便的临时措施,使得我们能够把思想集中一下,而不应该把它的地位抬得太高。

我的演讲中隐含的第二个主题是数学中简单性的重要。我愿意向学数学的学生提出来的最有用的建议,就是对于响当当的大定理总要问一问是否它有一种特殊情形,这种特殊情形既是简单的而又不是无聊的。上面我已经尝试选出了满足这些条件的例子。

数学的统一性及简单性都是极为重要的。因为数学的目的,就是用简单而基本的词汇去尽可能多地解释世界。归根结底,数学仍然是人类的活动而不是计算机的程序。如果我们积累起来的经验要一代一代传下去,我们就必须不断地努力把它们加以简化和统一。

参考文献

[1]Adams J F. Vector fields on spheres[J]. Ann. of Math. ,
    1962,75:603-632.

[2]Atiyah M F. K-Theory[M]. New York:Benjamin,1967.

[3]Atiyah M F,Singer I M. Index Theory for Skew-adjoint
    Fredholm Operators[J]. Publ. Math. Inst. Hautes Etudes
    Sci. Paris,1969,No. 37.

[4]Bott R. The stable homotopy of the classical groups[J].
    Proc. Nat. Acad. Sci. USA. ,1957,43:933-935.

[5]Brown L G,Douglas R G,Fillmore P A. Extensions of
    C^*-algebras,operators with compact self-commutators,
    and K-homology[J]. Bull. Amer. Math. Soc. ,1973,79:
    973-978.

[6]Serre J P. Faisceaux algébriques cohérents[J]. Ann. of
    Math. ,1955,61:197-278.

[7]Quillen D. Projective modules over polynomial rings[J].
    Inventiones Math. ,1976,36:167-172.

（胡作玄译；沈信耀校）

什么是几何[①]

历　史

无论是中学还是大学的数学课程,都发生过种种变革,其中最引人注目的是几何在课程中的核心地位的衰落。欧几里得几何连同紧密相关的射影几何,已经从宝座上跌落;甚至在有些地方,它们几乎从讲台上销声匿迹。无疑,教育改革是需要的,不过也存在一种危险,即给予各种几何的关注太少了。许多麻烦都因这门学科的难以捉摸的性质而起,即到底什么是几何? 我想概括地探讨一下这个问题,企望能从教育的角度廓清教几何的理由,以及在各个不同层次教哪些内容最适当。

先让我们回顾一下数学发展的历史。我想,几何在希腊人手中成为数学的第一个分支并趋于成熟,这件事绝非偶然。究其基本原因,几何乃是最少抽象性的数学形式,它在日常生活中有直接的应用,而且不需花费太多的智力就能理

---

① 原题:What is geometry? 本文译自:The Mathematical Gazette,1982,66(437):179-184。

解它。相反,代数在本质上更具抽象的特性,它包括一大套符号,人们得花费巨大的劳动才能掌握。甚至本是基于计数过程的算术,也得依靠它自身的一套术语,诸如十进制小数体系,这是经过长期的演化才逐渐形成的。

当然,在较高层次上的几何,确实蕴含了抽象的特性。正如希腊人认识到的,我们在现实世界中遇到的点和线,只是近似于"理想"世界中的"理想"事物,在理想世界中点没有大小,线则是绝对直的,完美无瑕。然而,这些颇具哲理味儿的思考并未打搅几何的实践者,我指的是学校里的孩子、社会上的工程技术人员,在这一层次上的几何乃是对客观物体的形状作具体的研究。

在若干世纪里,欧几里得几何控制着数学舞台。但是,代数的出现,笛卡儿将其应用于几何,以及随后微积分的发展,改变了数学的整个特征。数学变得更加符号化,更抽象了。无可奈何花落去,几何被人们看成原始和过时的东西。

当数学中的那些有力的竞争对手竞相争辉时,几何的基础和几何跟现实世界的关系问题被重新考查了一遍。在19世纪,著名的欧几里得"平行公设"①被证明是独立于其他

① 现在一般称为"平行公理"。在欧几里得《几何原本》中,我们现称的公理被分为"公理"(axiom)和"公设"(postulate)两类,"公理"指对所有事物都适用的自明之理,而"公设"专指涉及几何对象的自明之理。——译注

公理的。该公设断言：过给定直线外的一个给定点，仅存在唯一的直线与给定直线平行。但是人们发现了所谓的非欧几里得几何，在其中该公设不成立。这一发现把几何从跟现实世界的捆绑中解放出来，尽管令人不安，影响却极其深远。它告诉人们虽然只有一个物理世界，但却有多种完全不同的几何，只是尚不清楚哪一种跟我们生存的宇宙最贴近。有一段时间，代数试图在几何领域一展身手，对各种几何进行分类排队。F. 克莱因（F. Klein）在著名的《埃尔朗根纲领》（*Erlangen Program*）中试图把几何定义为是对如下性质进行研究的学问：

它们在某给定的对称群的作用下保持不变，于是，不同的几何对应于不同的对称群。

这种观点用于讨论非欧几何虽然相当有效，但这种研究方式实际已被较早的黎曼的思想从根基上给动摇了。黎曼认为，空间不一定非要均匀的，它的曲率可以随空间中的点而变化，因此可能根本不具有对称性。代替群论，黎曼把他的几何奠基于微分演算。如我们所知，他的观点最终被爱因斯坦的广义相对论所证实。

几何学家的所有这类内省的结果都表明，几何恰恰并不是对物理空间的研究。特别地，它不能被限制在三（或四）维的范围内。既然不能有这种限制，那么非三（或四）维的那些几何有什么用处呢？我将试图回答这种问题，说明抽象"空间"及其几何是如何通过各种不同的方式自然而然产生的。我的有些例子人们已熟悉到家了，另一些可能新颖些。

非物理空间的例子

图形　大家都很熟悉，在数学的各个层次上广泛地使用着图形。最简单的图也许是描述运动物体的"距离-时间"图。此时的(x, t)平面是爱因斯坦四维时空的一部分，不过在我们数学家的图上，时间变量 t 常用第二个空间变量 y 来代替。在其他的例子中，诸如经济学的，其变量可能根本就跟"时间-空间"无关，我们在其中画图的平面仅是一种抽象的平面。图形表示法在实用方面的优越性显然十分巨大，它依赖于人脑的一种功能：一眼就能看清二维的模式。

复平面　用平面上的点表示复数 $x + \mathrm{i}y$，是又一个人们熟知的"抽象"平面的实例。例如，当 x 表示沿一条固定直线量出的距离，而含有这一距离的代数问题有一个复数解 $x + \mathrm{i}y$，那么此处的 y 实际不跟任何真实的方向对应。可是熟悉会导致漠视，复数的长期使用，使得复平面也几乎成了可触知的了。大家应记住伟大的高斯的话："$\sqrt{-1}$ 所具有的真正的超现实性是难以捉摸的。"那些必须向学生首次介绍复数的人对此会有同感。

黎曼面　上述两例是大家熟悉的。若把两者结合起来，几何就变得更重要了。例如考虑（双值）函数 $y^2 = f(x)$ 的图，其中 f 是某个多项式。当 x, y 取实值时，我们可在普通的实平面上画出它们的图，不过当我们取 x 和 y 皆为复值时，其图形变成四维实空间中的实曲面。此即该函数的黎曼面，它的几何（或拓扑）性质在对函数进行解析研究时具有基本的重要性。这说明在研究多变量的解析函数或多项式时，"抽象的"几何概念多么重要。事实上，复代数（和解析）几何现在正是数学中欣欣向荣的分支。

动力系统　对于牛顿力学中的质点，只要我们知道它在某个时刻的位置和速度，则它在给定力场中的运动是完全确定的。为了更方便地描述其后继运动，我们导入 (x, v) 组成的"相空间"，其中两个分量都是三维向量，分别表示位置和速度；运动则将由这个六维空间中的曲面 $(x(t), v(t))$ 表示。例如，当运动仅在直线上而非三维空间进行时，相空间是二维的，简谐振动在其相平面上对应于圆。这些相图在讨论一般动力学问题时非常有用。

刚体　假定我们研究的是刚体而不是质点。在开始观察这类物体的运动前，先考虑只描述其位置的静力学问题。假设质心位于原点，我们仅考虑绕原点的旋转。这种旋转有三个自由度，但并非对应于通常所说的笛卡儿坐标 (x, y, z)。旋转组成的"空间"实际上是非欧几里得的（椭圆）三维空间，是三维球经对映映射后的商集。(理解这一问题的最漂亮的方法是使用四元数。单位范数的四元数 q 形成三维球,通过 $q \times q^{-1}$ 作用在虚四元数 x 的三维空间上,能给出所有三维空间中的旋转;但是 $\pm q$ 给出同样的旋转,并构成三维空间中的一对对映映射。)于是,非欧几何从欧氏几何中脱颖而出。

线几何 我们从刚体转而考虑细长的棒,并把它理想化为无限长的线,此时,我们不能用跟上述完全相同的方式描绘其位置,因为无法定义它的质心。我们可以在这条线上挑选两个点 $X=(x_1,x_2,x_3)$ 和 $Y=(y_1,y_2,y_3)$,考虑六维向量 $(X-Y, X \wedge Y)$。如果我们随意挑出另外一对点,类似的六维向量需用一个数量去乘而得。进而,其分量满足二次关系式

$$(X-Y)(X \wedge Y) = 0.$$

这意味着三维空间中的直线可以用五维射影空间中一个二次曲面的点给以参数化。此即著名的克莱因表示。在我还是一个年轻学生首次接触这一问题时,我觉得它是数学中最漂亮的思想之一。为了说明它的性质,先让我们回忆一下,在三维空间中,单叶双曲面有两组生成线。类似地,在五维空间中,克莱因二次曲面有两组生成面。一组中的一个平面将三维空间中过一个固定点的所有直线参数化,同时,另一组中的一个平面将三维空间中位于一固定平面上的所有直线参数化。由此,我们可直接推出这些生成面的关联性质。即同一组中的两个平面总在一个点相遇(比如,由于三维空

间中的两个点总位于唯一的一条直线上），而另一组中的平面通常不相遇（因为通常在三维空间不存在如下的直线：它既通过给定点 p，又位于某个给定的平面 π 内）。然而也有例外，另一组中的平面相遇了，不过此时它们交于一条直线（若 p 恰在 π 中，那么在 π 内存在一整束直线通过 p）。

有趣的是，近年来，克莱因表示在彭罗斯的理论物理研究中发挥了基础性作用。粗略地讲，彭罗斯认为克莱因二次曲面是一种"时-空"（当然是在复化之后），而原来的三维空间（同样要被复化）就是一种基本辅助空间（称为扭曲空间）。它被认为在某些方面比时-空更基本（例如它的维数较低）。

函数空间 现在我们从刚性的棒转向一根有限长的弦。描述它在三维空间中各种可能的位置需要无穷多个参数。我们可以用三个函数 $x(t), y(t), z(t)$（其中 t 是关于这根弦的一个参数，例如从一个端点量出的距离）来描述其位置。这根弦的所有位置组成的"空间"是个无限维空间。这种函数空间经常在计算变分问题时出现（此时我们试图使某个依赖于一个函数的量减到最小）。在这类研究中，业已证明几何思想非常有用，特别是跟"不动点定理"有联系的问题。

结　论

我们设计上述例子的目的是想说明如下事实：空间，通常指高维空间，相当自然地呈现于现实问题之中。我们故意从三维的力学问题中选择例子,就是为了强调这种现实性。当然,老练的数学家更乐于从 n 维实变量出发,把它看成 n 维空间中点的坐标。然而怀疑论者可能完全不信服这种抽象的出发点,他们会严肃地怀疑高维几何的意义。

至此,我们在回答最初提出的"什么是几何?"的问题上是否有所前进了呢? 如果说几何研究的不是物理空间而是某类抽象的空间,这是否能使几何跟整个数学保持一致呢? 如果我们总是认为 n 个实变量给定了 n 维空间中的一个点,那么几何跟代数或者分析又有什么区别呢?

为了切实地回答这个问题,我们必须懂得数学是人类的一项活动,它反映了人类理解力的特性。当前,为表示你已经理解了某个解释,最通常的说法是"我懂了"。这暗示了在思维过程中的巨大想象力,大脑能据此分析和筛选眼睛所见到的东西。当然,眼睛有时会让人失望,很难提防所出现的视觉假象,而大脑破译二或三维模式的能力则是相当卓越的。

视觉并不等同于思维,当一步步检查一个论证时,我们以有序的方式产生一条思维的长链,这种逻辑的或有序的思维,更多的不是跟空间而是跟时间相关联的,它可以在完全黑暗的环境中进行。正是这类过程可以用符号加以形式化,最终能在计算机上运作。

概括地说,我想提出这样的看法:几何是数学中这样的一个部分,其中视觉思维占主导地位,而代数则是数学中有序思维占主导地位的部分,这种区分也许用另一对词刻画更好,即"洞察"对"严格",两者在真正的数学研究中都起着本质的作用。

它们在教育中的意义也是清楚的。我们的目标应是培养学生发展这两种思维模式,过分强调一种而损害另一种是错误的。我觉得近年来几何一直在受到损害。如何达到两者恰当的平衡,自然需要详细讨论,而且必须虑及所教学生的水平和能力。我力图讲清的要点是,几何并不只是数学的一个分支,而且是一种思维方式,它渗入数学的所有分支。

(袁向东译;冯绪宁校)

阿蒂亚访问记 [①]

阿蒂亚生于 1929 年,在剑桥三一学院获得其学士及博士学位(1952,1955)。他历任牛津大学的萨维尔几何讲座教授(1963—1969)及普林斯顿高等研究所数学教授(1969—1972),现在他是牛津大学的皇家学会专职研究数学教授。

阿蒂亚教授荣获的称号包括:皇家学会会员以及法国、瑞典、美国的科学院院士,他在 1966 年莫斯科国际数学家大会上获菲尔兹奖。他的研究领域涉及数学的广大的部分,包括拓扑、几何、微分方程和数学物理。

下面是本刊(The Intelligencer)原编辑米尼奥于牛津采访他的正式文本。

米尼奥(以下简称为 M):我认为关于你的一些背景性材料可能是有价值的,你是什么时候开始对数学发生兴趣的?有多早?

---

① 原题:An Interview with Michael Atiyah。本文译自:The Math. Intelligencer,1984,6(1):9-19。

阿蒂亚(下面简称为 A):我觉得我年纪很轻时就开始对数学有兴趣。有一个阶段,大约是 15 岁时,我对化学有浓厚的兴趣,认为它很有前途。大约经过了一年的高等化学的学习之后,我发现它不是我想研究的东西,因而又回来研究数学。我从来没有认真考虑过去干别的。

M:这一点在很早就显露出来了?

A:是的,我认为如此。我的父母从我小时候起就认为我生来就是搞数学的料,他们一直这么认为。

M:但他们不是数学家?

A:他们不是,不是的。

M:你在中学时得到过指导吗? 你的老师对你还好吗?

A:我认为我的老师都挺好,我们的关系也好,我开始是在埃及上的学,那是个相当好的学校。

M:你生在那里?

A:不,我出生在英格兰,但我生长在中东,我父亲在苏丹工作,因此我中学主要是在埃及念的。大战结束后我们回国,我在英国又念了几年,那是个好学校,那里有很多好学生,然后我去剑桥,那里的好学生也很多。

我认为我没有受到哪一个人的特别大的影响。但是我受到的教育是好的,我有很多机会去接触好的数学家,在这个意义下我的底子是好的。

M:在剑桥你主要是自己做?

A:我是服了两年兵役之后去的剑桥(这是两个极端)。事实上,我去剑桥的时间比学年开始要早一点儿。我念了一个夏季学期,那里迷人的气候及美丽的环境给我极其深刻的印象。我喜欢待在图书馆里读书,周围全是书。那里的气氛令人难忘,它诱发了我的想象力。

那里有许多聪明的学生,我从教师那里也得到应有的指导,我不觉得哪位老师给我的灵感特别多。有些课是好的,有些并不那么好。

M:你早期的论文之一是与霍奇合作的,是吧?

A:是的,它事实上是我的学位论文的一部分。他是我的研究导师,对我来说,能与他一起工作是很重要的事。我来到剑桥时几何学正着重在老式的经典的投影代数几何上,我非常喜欢它。要不是霍奇使我认识到它所代表的新潮流,即微分几何要与拓扑挂钩,我会一直沿那个方向搞下去的。这是我的非常重要的抉择。我完全可以搞更传统些的东西,但我认为我的这一抉择是明智的,通过与他一起工作,我更加熟悉了近代的思想。他给我很好的指导而且在一个时期还合作过。那时法国出了一些有关层(sheaf)论的最新工作。

我对此有兴趣,他也有兴趣,我们一起工作并合写了论文,即我的学位论文的一部分。这对我是很有益的。

M:一个突出的事实是你同其他人合作得很多,同辛格,同希策布鲁赫,同博特。

A:是的,是如此,我经常与别人合作,我认为这是我的风格。这有许多原因,其中之一是我涉猎于好几个不同的领域。不同学科的东西有相互作用这一事实正是我有兴趣的。有的人在另一些方面知道得多些,可以补充你的不足,与他们合作是很有帮助的。我发现与别人交流思想是非常激励人的。

我同许多人合作过。与其中一些,应该说其中许多人,合作持续多年而且是广泛的。这一方面是由于我的性格,我喜欢与别人交流的思考方式。另一方面也是由于我喜欢搞的数学面比较广,因而很难自己一人完全了解透彻。周围有对另一些领域知道得较多的人是很有益的。例如,我与辛格合作,他的分析强得多,我则较弱,而我对代数几何及拓扑知道得更多。

M:是否是由你来把问题提炼出来?

A:不,不是。这种合作是完完全全的交融。我们首先统一感兴趣的东西,然后互相学习对方的技巧。经过一段时间后,对问题的大多数部分双方的认识趋于一致,只是我们的专长有点不同罢了。

M：你是如何选择研究题目的？

A：我认为你这样问就已经暗含了所选的题目有解答。我觉得这根本不是我做研究的方式。有的人会这样做，他说："我想解决这个问题。"然后坐下来，说："我怎样才能解决这个问题？"我不这样做。我只是在数学的海洋中漫游，同时思索着，充满好奇心和兴趣。我与别人交谈，把各种思想搅拌在一起：新的东西一出现，就紧追不舍。或者是，我发现某个东西同我已经知道的另外的东西发生了联系，我就试图把它们放在一起，从而新的东西发展了起来。事实上我们从来没有过从一开始就对我将要搞出的东西或者会搞成什么样子有任何概念：我对数学有兴趣，我交谈，我学习，我讨论，有意义的问题自然就会呈现出来。除了理解数学这个目标外，我在开始做之前从不订下什么具体的目标。

M：K-理论就是这样产生的吧？

A：是的，这从某些方面看很带有偶然性。我当时对格罗滕迪克在代数几何中做的事情有兴趣，到了波恩后我曾有兴趣学点拓扑，我感兴趣的是 I. 詹姆斯（I. James）当时在研究的有关射影空间的拓扑中的某些问题。我发现用格罗滕迪克的公式可以解释这些现象，可以得到更好的结果。那时已有博特关于周期性定理的工作，我认识他，也知道他的工作。

用上这些,我发现一些有趣的问题可以得到解决。于是看起来有必要建立一个体系使它们形式化,于是 K-理论就这样产生了。

你不可能靠事先预言崭新的思想或理论的办法来发展它们。它们本来只能通过深入考察一系列问题而显现。但是不同人的工作方式是不同的。有的人决心去解决某个基本性的问题,例如奇点的消解或有限单群的分类。他们把一生的大部分时间都花在这个问题上。我从没有这样做过,主要是由于那样做需要一心一意地献身于一个问题,那是极大的冒险。

那样做也要求方法上的专一,从正面强攻,这意味着你必须对专门的技巧运用得炉火纯青。现在有些人很擅长那样,我确实不如。我的专长是围绕那个问题,在它附近转,到它的背后去……这样使问题解决。

M:你是否觉得数学中有主流的课题? 是否有些学科比别的更重要?

A:是的,我认为是这样。我很反对那种认为数学是一些孤立的学科的并集,以及你可以写下公理 $1,2,3$ 等,一个人闭门造车就可以发明一门新数学分支的观点。数学更加像是一个发育的机体。它同过去以及同其他学科的联系的历史是悠久的。

在某种意义上，核心的数学一直没有变。它研究现实的物质世界中产生的问题，以及与数、基本的计算及解方程有关的由数学本身产生的问题。这一直是数学的主体。任何能推动这些问题发展的都是数学的重要部分。

那些与这些问题相隔遥远、背道而驰并且对数学的主要部分没有帮助的分支，不大可能是重要的。也可能一个分支自己产生出来并且后来对其他部分有用，但是如果它走得太远而被修剪掉，从数学上看这确实无关大局。确有些创新的思想，它们在一段时间内开辟了新的方向，但它们还与数学的其他重要部分联结在一起并且互相作用。数学的某个分支的重要性大体上可以用它与数学其他分支的相互作用的多少来衡量。这好像是重要性的一个无矛盾的定义。

M：但是，某个东西在一段时期内没有用，而很多年之后它又被用上，这是可能的吧？

A：我认为确实会有人提出超前于他的时代的数学思想，也可能有人提出一个聪明的想法，但人们在很长的时期内看不到它的意义。显然这些都可能发生。

我刚才并没有怎么想到这类事情，我刚才想得更多的是现在的一种趋势，即人们闭门造车式地，并且相当抽象地创立一个个整个的数学领域。他们只是像海狸那样一个劲地啃。如果你问他们这是为什么，其意义何在，与其他的关系如何,你将发现他们说不上来。

M:你愿意举个例子吗?

A:近代数学的每个分支都有些例子:抽象代数的一些部分、泛函分析的一些部分、点集拓扑的一些部分,在这些部分里,人们会看到公理化方法的最恶劣的表现。

公理是为了把一类问题孤立出来,然后去发展解决这些问题的技巧而提炼出来的。一些人认为公理是用来界定一个自我封闭的完整的数学领域的。我认为这是错的。公理的范围越窄,你舍弃得就越多。

当你在数学中进行抽象化时,你把你想要研究的与你认为是无关的东西分离开,这样做在一段时期里是方便的,它使思维集中。但是通过定义,舍弃了宣布你认为不感兴趣的东西,而从长远看来,你丢掉了很多根芽。如果你用公理化方法做了些东西,那么在一定阶段后你应该再回到它的来源处,在那里进行同花和异花受精,这样是健康的。

你可以发现约三十年前 J. 冯·诺依曼(J. von Neumann)及外尔就表达了这种意见。他们担心数学会走什么样的路,如果它远离了它的源泉,就会变得不育,我认为这是非常正确的。

M:显然你对数学的整体性有很深的体会。你认为你的工作方式及你本人在数学上的贡献在多大程度上造成了这种整体性?

A:很难把一个人的个性同他对数学怎么看分开。我相信把数学看成一个整体是非常重要的。我的工作方式反映了这一观点,至于哪个在前这很难说。我发现数学不同分支的相互作用是有趣的。这一学科的丰富性就是来自这个复合性,而不是来自纯粹性及孤立的专门化。

但是,也还有哲学的及社会的道理。我们为什么搞数学?我们搞数学主要是因为我们喜欢它。但从深一层上讲,为什么给我们钱搞数学?如果有人要我们辩明这一点,那么我们必须承认这个观点,即数学是一般的科学文化的一部分。即使我正在搞的那个数学领域对于他人无直接关系和用途,我们也还是在为一个整个的思想的有机体做贡献。如果数学是思想的联合体,每一部分都有潜在地应用到其他部分的可能性,那么我们都是为一个共同的对象做贡献。

如果数学被看成一些支离破碎的门类,而且互不相干地、自管自地发展,那就很难回答为什么要出钱给人去搞数学。我们不是表演者,像网球运动那样,我们唯一的依据是数学对人类思想有真正的贡献。即使我不直接搞应用数学,我觉得我也是在对这样一种数学做贡献,即它能够而且必将对于那些有兴趣把数学应用到其他地方的人们有用。

每个人都要为他的人生哲学辩护,至少要向自己辩护。如果你教书,你可以说:"我的职业是教书,我培养出了年轻人,因而我得到报酬。至于研究嘛,我是在业余搞。他们是出于宽宏大量才让我搞的。"但是如果你是专职搞研究的,那么你要为自己的工作辩护就要更费力气去想了。

在某种意义上,我还在搞数学,因为我喜欢搞。我很高兴有人出钱让我做我喜欢的事。但是我也试图去感觉它还有更严肃的一面,提供辩护的一面。

M:有这种论调:"纯粹数学用处不大,五年之内所有人都只有搞计算了。"对此你是如何看的?

A:这种观点含有某种危险,如果纯粹数学家采取象牙塔的态度,不去考虑他们与其他学科的关系,那么就存在这样一种危险,即人们会出来说,"我们确实不需要你们——你们是奢侈品——我们要雇用做更实际的工作的人。"我认为这种危险性一直是有的,而在财政困难的时期则更为严重,例如我们现在正处于这个时期。我认为已经有这种信号出现了。

当然,在过去的五年或十年中,纯粹数学家越来越了解到他们必须更好地为他们自己做的事辩护。但我还是同意很多人的这种看法,即这是不自然的,是在压力之下才这么做的。倘若广大的纯粹数学家更有自我批评的精神,那么情况就会健康起来。

M: 再回到你做过的数学上。是否有一个定理在你证出的定理中最使你感到幸运？

A: 我认为有，我与辛格一起证明的指数定理从很多方面看都是我所做过的东西中最清晰的一个。我确实认为指数定理是人们可以谈论的定理中一个好的、清晰的定理。我的大部分工作都是以不同的方式以它为中心做的。

它从拓扑学及代数几何的工作开始，但后来它对泛函分析有相当的推动：过去十年来，这个方向有许多人搞。而且现在还发现它与数学物理有有趣的联系。所以从很多方面看它仍在发展并且仍然活跃。在某种意义上，它象征了我的主要兴趣，即数学所有领域之间的相互作用及联系。这是一个代数拓扑与分析（还有各种形式的微分方程）非常自然地结合在一起的领域。

M: 你是否预见到了近来数学家对数学物理重新发生兴趣这件事？

A: 实在没有。我对数学物理的兴趣有相当长时间了。它并不很深——我试图弄懂量子力学及有关的课题。但是过去五年发生的事情——数学家对规范场理论的兴趣——我是没料到的。我对物理知道得还不够多，无法预料这件事情会发生的程度。对我个人来讲，量子场论是那些神秘的大的字眼之一。

我认为物理学家自己也感到意外。几何的一面变得重要并且占了统治地位这一事实，他们很多人也没有预言过（而且有些人仍然不同意这一点！），一些主要的问题看上去好像很不一样——分析的问题、代数的问题。像彭罗斯这样一些人没有感到意外，他们从自己的观点在这方面工作了很久。但是我认为这是个好的例证：如果你是在主流中做有意思的、基本的数学工作，那么当别人用上你的工作时，你不应感到意外。这证实了对于数学，包括物理在内的整体性的信仰。

M：你对这个命题相信的程度有多深？

A：我学的物理越多，我越加坚信物理提供了数学在某种意义上最深刻的应用。物理中产生的数学问题的解答及其方法过去一直是数学的活力的来源。现在仍是这样。物理学家处理的问题从数学的角度看是极其有趣的，并且是困难和富有挑战性的问题。我认为应该有更多的数学家参与进来，并且设法学一些物理，他们应该把新的数学方法引进物理问题中去。

物理是很不简单的。它是非常数学的，是物理的洞察力与数学方法的结合。数学在（比如说）社会科学、经济学、计算上的较新的应用是重要的。我们培养具有这种应用数学的观点的学生是重要的,因为这是商业世界所要求的。成千上万的学生需要这样的观点。

另一方面,从用到的数学的深度来看,则是不可同日而语的。在诸如经济学与统计学中,也有些有意思的问题,但总的说来,用到的数学十分浅显。真正深刻的问题仍然在物理科学中。为了数学研究的健康,我认为尽可能多保持这种联系是非常重要的。

M:你对教育显然有兴趣。另一方面,就你的职业而言,很清楚你是作研究的数学家。你如何解释这一点?

A:我对教育有兴趣的理由与我对数学的整体性有兴趣的理由一样。大学是教育的机构并且还从事研究。我认为这是很重要的——应该由大学的及整个社会结构的整体性来保持数学教育与数学研究之间的广泛的平衡。当大学里为了教育的目的开课时,他们应该确保他们对学生做的事是对的,而不是仅仅因为他们对培养做研究的学生有兴趣而开(比方说高等拓扑学课)。否则那将是灾难性的错误。

大学必须保持两种活动的平衡。他们应该知道学生学些什么是有用的,要记住学生将来做什么。同时,他们还应该扶助研究。一些人将来全做研究,一些人将来主要是教书,而大部分是介于两者之间。显然我只介入大学的研究任务,但我生活在大学里,我在大学里有同事,我知道他们在干什么,所以我对大学里各种职能是否达到平衡很关切。

M:你是否认为过去二十年里英国的大学增加得太多了?

A:我不认为增加得太多了。与其他国家,特别是美国比,显然受过高等教育的人比例太小,应该更多些;更重要的是,大学应继续增加。我不能相信到下个世纪,受到高等教育的人的比例还是现在这么多。那是肯定要改变的。

在一段时期的增长之后(这在战后是必要的),确实会产生一些问题。它带来了不连续性。你要了大量的人去大学教书,而当这个增长一旦停止时,你已经把所有的位置占满了——你不能再要年轻人了。人们可以批评当年各大学头脑发热和欠谨慎,以致没有预见到这样做必然会产生的一些困难。例如,不像美国大学,英国大学在增长时期,拿到博士后可立即得到永久性的位子,因为当时各大学在互相竞争。我认为这是个错误,现在他们正在为这个错误付出代价。

如果不是从一开始就给终身的职位而是采用灵活些的制度来使他们适应,那就明智些。我们现在已经有了这个尖锐的不连续性,这将导致危机与冲突。也许大学的人应该谨慎为好。

M:再用点时间回到教学与研究上去。你说过两者都是大学生活的重要部分,但你仍然是分别谈到它们的。近来研究所在增加——波恩,沃里克(Warwick),普林斯顿——哪里都不教书，你认为这是健康的吗？

A：关于这类研究所首先要指出的是它们或者没有终身研究人员，或者只有很少的终身研究人员。大多数去那些地方的人都是进修性质的。他们从各大学到那里待一学期或者一年，然后再回去。所以它们类似广义的会议中心，人们在那里碰头和交流思想，然后回去进行他们的工作。它们只是帮助大学的人对科研保持活跃的兴趣——那是它们的主要功能。

可是，如果你采用类似于东欧的制度，即设立雇用大量终身职位的人员的庞大研究所，并且从各大学抽走相当比例的教授，这就会带来问题。那样你就真正使大学与研究严重脱节。但是就数学而言，这种中心数目是很小的，研究员也很少，而且去那里再回来的人都只是为了加强大学体系，我认为这是十分健康的。

它们还有另一个目的，即帮助或引导人们进入那些富有成果的数学思想的领域。除了到一个中心去推动自己当前的工作之外，年轻人也可以到这类中心以期被引导选定一个有成效的研究方向。

普林斯顿的研究所，即我获得博士后所去的地方，在实现这一目的方面做得很好。我完成了博士学业，写好了论文，但我仍在寻找我在数学上的归宿。我不知道往哪里走，也不知将来做什么。我来到这个大的中心，那里有许多来自世界各地的有各种思想的能干的年轻人、老年人。在差不多一年之后，我满载着新思想与新方向回到英国，这对我以后的数学发展有巨大的影响。

M：普林斯顿的人当中谁对你影响最大？

A：我觉得主要不是那些终身研究员们。我是 1955 年去的，当时去那里的人比现在去那里的同类型人年纪稍大些。

我碰上了希策布鲁赫、塞尔、博特、辛格……他们都是我去这个研究所时认识的。小平邦彦（Kodaira）及斯潘塞（Spencer）当时也在。我认识了这一大批人，在数学上受到他们的影响。后来我与同样的这批人的合作不是偶然的。

我觉得还有另一方面，即它不但改变了你的观点和你的工作，而且它使你接触到其他的活跃人物并且在以后保持这种个人联系，这对以后维持你在数学上的发展是很重要的，与不同国家的人会面是重要的——数学是非常国际性的，而这些中心提供了这种在其他地方很不容易得到的机会。

M：国际会议也提供了大家见面的机会，但也许不太能达到提供人们一起工作并且真正学到些东西的目的？

A：是的，国际会议很有益，但也许对于初出茅庐的年轻人不是那么有用。它们对于那些已经定型的人有益。如果你已经与别的人很熟，而且也很活跃，那么在很短的时间里你可以通过短暂的思想交流得到好处。如果你是个年轻学生或者博士后，你确实无法与很多人交谈，因为你不了解他们，你会受到约束，而且你懂的东西不够多，使得你很难听懂他们谈的东西。因此我认为你需要更长时间的熏陶。你需要花一年左右时间来慢慢吸收知识，来了解人。所以我认为国际会议的功能是不同的。

M：国际数学家大会如何？

A：我觉得国际数学家大会完全不同。自从 1954 年以来，每一届我都参加了，我从中得到的好处则很难讲。

我还是年轻学生时，第一次参加的那次大会是非常好的。我有机会去听外尔的报告，那是心理上的极大的推动。我感到我是数千名数学工作者的团体中的一员。大部分报告我都听不懂，我去了之后就坐了"飞机"。从数学上懂了多少具体的东西上看，我认为什么收获也没有，但心理上的推动是巨大的。

现在我年纪大些了，国际大会的价值就小了。我是出于尽义务才去的——我有事要做——去与人们交谈，去做报告。我实在受益不多，因为那里人太多了。一些报告我很喜欢，我认为国际数学家大会有好处，但是不是很大。

除了对年轻人的好处,即给予他们国际成员感之外,另一个主要的职能恐怕是帮助那些数学不那么活跃的国家的人们。如果你是西欧或美国人,那么也许它们并不很重要。但是如果你来自非洲或亚洲或东欧,因而旅行及与人见面的机会少得多,那么我认为这是你去了解别人在干什么的唯一机会,我觉得这是它的主要目的。

M:你是否认为菲尔兹奖的设立起到了积极的作用?

A:我认为略有一些,我感到幸运的是菲尔兹奖没有像诺贝尔奖那样。诺贝尔奖使科学,特别是物理学严重畸形。诺贝尔奖所带来的荣誉及大吹大擂的宣传,以及大学花钱拉拢诺贝尔奖获得者,等等,都是极端的行为,某个人能获奖与不能获奖的区别很难说——这是个十分人为的区分。但是,如果你得到了诺贝尔奖,我没有得到,那么你就得到双倍于我的工资,而且你所在的大学会给你盖一个大实验室,我觉得这是很不幸的。

但是在数学方面,菲尔兹奖根本没有影响,所以也没有消极的效果,那是授予年轻人的,以作为对他们以及整个数学界的一种鼓励。

我也被授予过菲尔兹奖和给予鼓励,它提高了我的自信心和士气。我不知道倘若我没有得到这个奖,情形会有什么不同。但是在那个时期得到它的确使我受到鼓舞,激发起我的热情。因此我认为在这种意义下菲尔兹奖是有用的。

我发现在一些国家这个奖的名声很大,例如在日本。在日本,获得菲尔兹奖如同获得诺贝尔奖。所以当我去日本,人家介绍我时,我感觉像个诺贝尔奖获得者,但在我国,根本没有人注意。

M:你是否发现在不同国家里,数学家的地位十分不同?

A:当然,在不同的国家里,数学的含义有些差别。在我国,主要是数学与应用数学及物理的分野有相当的不同;在大多数国家里,纯粹数学的独立性更大些。这可能对人们关于数学家的概念有广义的影响,他们不像在美国那样把数学家十分狭义地与纯粹数学联在一起,在美国,数学家是指纯粹数学家。

除此之外,我认为在法国,数学家从传统上有较高的地位,这是因为法国具有较看重哲学、文学及艺术的传统,而数学属于这一类。而在我国,他们对这些从来也不怎么重视。

在德国,教授也有传统的、较高的地位,虽然这一情形也在迅速地改变。

我认为在关于人们如何看数学及大学的问题上,显然各国有差别。但那也是在变化的——不同的文化的差异正在缩小。

　　M：我有几个关于你是如何工作的问题。例如，你使用的是什么样的思维表象（mental image）？

　　A：我不敢说我能答上来这个问题。我觉得有时我脑子里确实有个视觉的图像，某种模式图。但是这是否真的是某种图像或者只是纯粹的符号，我也不知道。我认为这是个很困难的问题，它与心理学的关系比数学更大。

　　M：我的问题的意思是想区别几何直观与代数操作（manipulation）。

　　A：是的，是有区别，我猜想这个一分为二的现象在大脑中是真实的。我搞的东西是比较几何的，但我不像瑟斯顿（Thurston）[1]，他可以同样自如地看见复杂的、高维的几何。我的几何是比较形式化的。但我也不是代数学家——我不喜欢操作。也许从心理学的角度讲，我不是典型的极端人物，我像是普通的中间的人。

　　如果你去问瑟斯顿，也许他会说他的确能看见他心里的复杂的图形，他要做的事只是把它画在纸上，从而给出证明。也可以去问汤普森（Thompson）[2]，他怎样看见一个群，我不知他会如何回答。差别是有的，这是个复杂的问题，但它

---

① 瑟斯顿，美国几何拓扑学家，获 1983 年菲尔兹奖。
② 汤普森，英国代数学家，获 1970 年菲尔兹奖。

四分之三是心理学,只有四分之一是数学。

M:记忆对你的工作的重要性有多大?

A:我提到过当我 15 岁时我对化学产生了浓厚的兴趣。我用了整整一年去攻化学,后来就放弃了。原因很简单,在化学里,要记忆大量的事实。当时我有几本大部头的无机化学书,我要做的只是去背通过不同的手段、用不同的物质得到的这种或那种物质,能够帮助记住这些东西的结构性联系是微乎其微的。有机化学稍好一些。与此相比,在数学里,你几乎根本不需要记忆,你不必去记忆事实;你所需要做的只是去理解整个东西是如何装配起来的。所以我认为在这种意义下,数学事实上不需要科学家或医科大学生的那种记忆力。

在数学中,另一种形式的记忆是重要的。比如我思考一个问题,突然我领悟到这个问题同我上个星期或上个月同别人交谈时听到的某个问题有关系。我的很多工作都是这么得出来的。我出去买东西,与别人交谈,得到别人的思想,这些思想我只是半懂,然后就存进我的记忆中。这样我就有了这些数学领域的片段的庞大的索引卡片盒。所以我认为记忆在数学中是重要的,但是它是与其他领域的记忆不同的一种记忆。

M:当你工作时,在你尚未找到某个结果的证明之前,是否能判断它是对的？

A：为了回答这个问题，我应该首先指出我不是为解决某个问题而工作的。如果我对某个科目有兴趣，那我就去设法理解它；我只是不断地想着它，并试着一点点儿往深挖。如果我把它弄懂了，那么我就知道什么是对的，什么是不对的。

当然，也可能你没有真弄懂，可你认为你懂了，但后来发现你错了。粗略地讲，一旦你真正感到弄懂了一样东西，而且你通过大量例子以及通过与其他东西的联系取得了处理那个问题的足够多的经验，对此你就会产生一种关于正在发展的过程是怎么回事以及什么结论应该是正确的直觉。然后的问题是：你如何去证明它？而这可能要花很长时间。

例如，我们提出了指数定理并且知道它应该是对的，但我们花了几年工夫才找到证明。其中的一个原因是证明中涉及一些全然不同的技巧，所以我必须学一些新东西以求得一个证明（对这个例子，我们是找到了几个证明）。我对于证明的重要性并不大注意，我认为更重要的是理解。

M：那么证明的重要性是什么？

A：证明的重要性在于它是对于你的理解的一个检验。我可以认为我懂了，但是证明是你懂与否的检验，仅此而已。它是行动的最后一步——最后的检验——但它根本不是主要的东西。

我记得我证明过一个定理,但却不能理解这个定理为什么是对的。为此我想了好几年。它涉及 K-理论与有限群的表示的关系。为了证明这个定理,我必须把群分解成可解的与循环的,还用到很多的归纳步骤及其他信息。为了保证这个证明通得过,每一个环节都必须一点儿也不差——换言之,你必须有好运气。我很惊讶地发现证明成功了并且老是在想如果这个链中的一环突然断开,如果论证中有一点儿瑕疵,那么整个证明就要垮下来。因为我不能理解它,也许它根本就不是正确的。我一直在想,直到五六年之后我才弄懂了它为什么是对的,从而我通过有限群到紧致群的转化给出了完全不同的证明。用完全不同的技巧可以使它为什么是正确的这个问题变成显然的。

M:你是否有办法不通过证明而把你的理解传授给别人?

A:我理想地认为:当你传授数学时,你应该设法传授理解。这通过交谈比较容易办到。当我同别人合作时,我们就是在这种理解的水平上交换思想的——我们理解这个问题并且依靠直觉。

当我作报告时,我总是设法表达出问题的主要之点,但是在写论文或书时,这就困难得多了。我不怎么写书。在论文中,我尽我的所能去写一个导言或解说来给出思想,但在论文中你必须要有证明，所以你必须写证明。

现在，大多数的书倾向于太形式化，它们用于形式化证明的篇幅过多，而用于启发和思想的篇幅过少。当然，给出启发和思想是困难的。

也有一些例外，我觉得俄国人是例外。我认为俄国的数学传统比起西方的数学传统更少形式化和结构化，后者受到法国数学的影响。法国数学一直是占据统治地位并且产生了一个很形式化的学派，我认为大多数书都在向这种过度抽象的方向发展并且不去传授理解。

但是传授理解是不容易的，因为这只有通过与一个问题一起生活一个很长的时期才能做到。你可能要研究它好几年，才得到它的直觉并使它进入你的骨骼中。你不可能把它传授给另外的人，如果你花了五年时间研究一个问题，那么你可以做到这一点，即把它讲给别人听，使得别人花较少的时间就可以到达你现在的水平。但是如果别人没有钻进这个问题中并看到所有的难点，那他们还是没有真正理解它。

M：你如何得到你所搞的东西的思想的？是否只要坐下来并且说"好了，我现在要花两小时做数学了"就行了？

A：我认为只要你在积极地进行数学的研究工作，数学总是同你在一起的。当你想问题时，它总是在那里。当我早上起床刮胡子时，我想的是数学；当我吃早饭时，我仍然想着我的问题；当我驾驶汽车时，我也仍在想我的问题。但注意力集中的程度各不相同。

有时你会问自己，你一边做那些事时一边想这些问题是否值得，是否有所帮助，也许你这不过是徒劳无功地反复思索。

有的上午你坐着并且集中精力想某个问题，那种高度的精神集中很难持续长久，而且也不总是成功的。有时你认真思索就会得到解答。但真正有趣的思想是当你灵感的火花迸发时产生的。它们的本性决定了其偶然性。它们可能在随便的交谈中产生：也许你正在同某人谈话而对方提到了某个东西，你心想"老天爷，这不正是我要的吗！……它能解释上个星期我想的问题"，然后你把这两样东西摆在一起，你把它们融合，这样从中产生出某种东西来。把两种东西放在一起，就像拼图游戏一样，这在某种意义上是随机的。但是你若想从随机的相互作用中得到最大的机会，你就必须经常在脑子里反复思考这些东西。我想庞加莱讲过这种话。它是一种或然性的结果：思想在你的脑海中飞舞，而有成果的相互作用产生于某些随机的、幸运的突变。技巧就在于使这种随机度尽可能大，这样你才有增加有成果的相互作用的机会。

从我的观点看，我同不同类型的人谈得愈多，我对于各种不同的数学问题想得越多,那么我从别人那里得到新鲜的想法并且进而与我已经知道的某个东西联系起来的机会就愈大。

例如,指数定理就有偶然的成分。辛格和我碰巧都在牛津研究希策布鲁赫的工作产生出的黎曼-罗赫定理。我们俩在一起玩的时候产生了这样一个想法:对迪拉克算子也给一个这样的公式。那时斯梅尔(Smale)路过牛津,我们同他谈了,他告诉我们前几天他刚刚读到盖尔范德(Gelfand)的一篇文章,是关于算子的指数的一般性的问题的,他还说此文可能与我们正在做的事有关。我发现这篇文章很难懂,它一般性地提出了问题,而我们要找的是一个重要的特例。后来我们认识到我们必须把我们正在做的东西推广从而导致了整个东西的产生,但是是过路的斯梅尔使我们走上正确的轨道的。

另一个例子是我关于瞬时子(instanton)的工作。那也是带有偶然性的事。当时我知道彭罗斯和他领导的一批人在搞物理的几何方面的东西,其中一个叫 R. 沃德(R. Ward)的人做出了好结果。他正在讨论班上报告,我当时问自己:"我是否应该去,它是否会有些枯燥? 好,还是去。"于是我去了。讨论班讲得很清晰,我听懂了他在做的东西,我回去时说:"嗨,确实棒。"我回去后用了三整天苦苦思索,突然间我发现了它是怎么回事,它怎样与代数几何挂上钩的。从那时起,问题开始有了突飞猛进的发展。我要是不去听那个讨论班,可能那个问题至今仍是老样子。过去数学家与物理学家之间的差距很大,我怀疑在过去思想是否会这么快地得到沟通。当然,你也可能参加很多次讨论班却得不到启发。

M:你是否有最喜欢的定理或问题?

A:那不是一个很要紧的问题,因为我是不相信定理本身的。我相信的是数学是一个整体的东西;一个定理只是一个补给站。我知道很多好的题材、好的事实、好的东西,但我认为单个的它们并不具有多大的重要性。我想对于问题也是这样。

我不想给人以印象:好像我把数学只看成一个抽象理论而没有实体。一个理论之所以有意思是因为它解决了许多特殊问题,并且把它们放在恰当的位置上。它使你全部理解它们,一个理论常常是在某人解决了一个很难的问题之后,人为了理解这里面的过程而发展起来的——即你在它周围筑起了上层建筑。没有硬问题的软理论是无用的。

M:你对于有限群的分类有何感想?

A:我的感想是(褒贬)兼而有之。首先,证明的篇幅太大。我觉得如果这是仅有的证明方法,那么我们对于它的理解的程度是相当有限的。人们希望关于所有这一切的一个更透彻的理解会产生出来,也许我的看法是错的,但我相信如果真地会产生出来,它将由这样的人们来完成,即他们从外倾的(extroverted)的观点,而不是内倾的(introverted)观点来看群。

因为群在自然中产生,它们是使事物运动的东西,它们是变换或置换。从抽象的角度看,你把群看成一个内在的结构,具有它本身的乘法——这是很内倾的观点。如果你只允许自己用这种内倾的观点,你的武器库将是很有限的。但是如果你从群的表现形式来看群,从外面的世界去看,则你可借助外来世界里所有的东西。这样你就得到了或应该得到一个强有力得多的理解。我的想法、我的梦想是:通过群是在一些自然的背景中(作为变换群)产生的这一事实,人们应该能证明关于群的深刻的定理,从而使其结构变得一目了然。

而且,我也不能肯定整个结果的重要性。有些人会说数学中最重要的是建立起有公理 1、公理 2、公理 3 的公理化体系,现在有群、空间这些对象。问题就在于给它们分类。我认为这是不正确的观点。理解这些东西的本性并且使用它们才是目的;分类只是告诉你理论的范围大致有多大。

例如,李群的分类是有点特殊的。你面前有个分类表,有典型群,也有例外群,但是对大多数实用的目的,你只用到典型群。例外李群的存在性只告诉你这个理论还要大一点。它们很少冒出来。倘若有无穷多个例外李群,使李群的分类变得极其复杂,李群分类的理论也不会有多大不同。

所以我认为不同类的(有限)单群的存在与否对于数学没有什么影响。那是智慧的一个好的终点,但我认为它没有基本的重要性。

M:但是,如果有另外的办法去做,即某种外倾的观点,那么它是否会有较大的影响?

A:那将会有这种意义下的影响,即它告诉人们事情可以用另外的方式来做。但我认为结果没有基本的重要性。举例来说,它不能与群的表示论相比拟。

分类的这个观点可以被极度地夸大。它在一段时期里是注意的焦点。它指出好的问题和挑战。但是,如果它占去了大量的精力,人们会想是否有更好的方法去做,找到一个更好的方法这件事本身也许会是有趣的,并且会揭示出新的思想与新的技巧。你瞧这个结果,它看上去不错,你给出了这个冗长的、复杂的证明,去寻求更好的方法是个挑战,做此探索可能是有益的,其好处主要是来自新思想而不是你找到新证明这件事实。

G. 麦基(G. Mackey)有次对我说的话我认为是很正确的。在数学的某个领域中,重要的东西常常不是技术上最困难的即最难证明的东西,而常常是较为初等的部分。因为这些部分与其他领域、分支的相互作用最广泛,即影响面最大。

在群论中有许多极端重要的,并且在数学的各个角落到处都出现的东西。这些是较为初等的东西:群及其同态、表示的基本观点。一般的性质、一般的方法才是真正重要的。

分析也是如此,有些关于傅里叶级数在什么条件下收敛的很细致的论证技巧性很高,也很有趣。但对于使用傅里叶级数的那些数学家来说它们并不重要。一个领域的专家们往往醉心于困难的技术性问题,但从数学家集体的观点去看,他们虽也赞叹这些东西,但却并不需要它们。

M:你最佩服的数学家是谁?

A:这个问题很好答,我最钦佩的人是赫尔曼·外尔。我发现我在数学中做的差不多每一件事,赫尔曼·外尔都是第一个做过的,我所搞的大多数领域都是他搞过的并且他自己还有开创性的、很深刻的工作。当然,拓扑学是例外,这是在他的时代之后才产生的,但是他的兴趣包括了群论、表示论、微分方程、微分几何、理论物理,我所做的差不多每件事都与他做类似的东西时的精神相符合。并且我完全同意他对数学的看法及他关于数学中什么是有意思的东西的观点。

我在阿姆斯特丹的国际数学家大会上听过他的报告。他在那里把菲尔兹奖章授予了塞尔和小平邦彦。然后我去了普林斯顿的研究所,但是他那时在苏黎世并在那里去世。我在普林斯顿没见到他。我只见到他那么一次,所以并不是由于个人的接触才使我钦佩他的。

有很多年,每当我进入一个不同的领域,当我去找幕后的人时,没有错,准是赫尔曼·外尔。我感到我关心的重点同他一样。希尔伯特比较有代数味儿,我认为他没有同样强的几何洞察力。冯·诺依曼则比较侧重分析并且较多搞应用的领域。我认为从数学的哲学及数学的兴趣上讲,显然赫尔曼·外尔是同我最接近的人。

(王启明译;沈信耀校)

我的数学工作[①]

接受费尔特里内利奖并有机会在此简要叙述我的数学工作,对此我深感荣幸。当然我必须要讲述事情的历史进展以及许多前人和我的合作伙伴所起的作用。我将尽可能地将一些概念讲清楚而不涉及技术细节。自然,数学和其他科学一样,依赖于错综复杂的论证,但是,在像现在这样的场合,我们将只是鸟瞰它的美妙,一掠而过。

大部分数学的中心问题围绕着解方程。在初等水平上我们有代数方程,再进一层我们有微分方程。数学家研究这些方程企图获取尽可能多的关于解的信息,不仅仅是粗糙的数值意义上的,而且还有定性的和结构性的信息。我们可以大致将关于解的信息区分为两个层次:局部的和整体的。局部信息涉及的是,例如,研究在一个给定的解附近的所有解,它要用到的技巧是从牛顿以来到 19 世纪所建立和完善起来

---

① 这是阿蒂亚在接受费尔特里内利奖时的演讲。原无明确的标题。此处的标题是编者加的。译自:Speech on conferment of Feltrinelli Prize, Accademia Nazionale dei Lincei . 1984:183-188。

的古典分析。与此相反，整体信息牵涉到"远离着"的解，并且，产生了新的概念，它导致了拓扑学——几何学的最基础和新生的分支——的诞生。黎曼在 19 世纪中叶研究代数方程，之后庞加莱研究微分方程，他们是先驱者，他们的工作在 20 世纪上半叶被莱夫谢茨（Lefschetz）、莫尔斯（Morse）和霍奇（Hodge）大大地推广了。

我本人在 20 世纪 50 年代早期是霍奇的学生，那正是新的拓扑技巧用于代数几何获得巨大成果的时候。做这一工作的，在巴黎有勒雷（Leray）、嘉当（Cartan）和塞尔（Serre），在普林斯顿有小平邦彦和斯潘塞（Spencer）。新方法的一个值得赞叹的例子是 1954 年希策布鲁赫对广义黎曼-罗赫定理的最终证明。这一定理有一段很长的历史，它起始于黎曼关于代数曲线的工作，并包括意大利代数几何学家关于曲面和高维流形的杰出工作。它涉及的是代数地依赖于某些参数的线性方程组的整体求解问题，从而它在代数几何中有广泛的应用。更精确地讲，它借助于拓扑不变量给出了这样一个线性系统的独立解个数的显式。具体的式子是异乎寻常地复杂，包含有早些时候 J. A. 托德（J. A. Todd，我在剑桥的一位老师）所发现的一些很有趣的多项式。这些多项式的系数依赖于著名的伯努利（Bernoulli）数，数论学家们对它们奇特的算术性质是熟知的。

虽然希策布鲁赫-黎曼-罗赫定理看起来是这一研究方向

上的终结性的成果,但仅仅几年之后,在 1957 年,格罗滕迪克
又有了一个重大进展。粗略地讲,格罗滕迪克不像希策布鲁
赫所做的那样只考虑一个线性系统,而是同时考虑具有同一
参数空间的所有的线性系统。他不是以一个定理作为工作
的结束,而是创建了整个的理论,该理论被冠以一个过于简
洁的名称:K-理论。

希策布鲁赫-黎曼-罗赫定理的特点之一是它在纯粹拓扑
学方面的影响。从托德多项式巧妙地引出的结论是惊人的,
伯努利数的算术性质也在拓扑学中发挥了重要的作用。所
以很自然,当格罗滕迪克在获得他的进展的时候,人们就应
该找寻在拓扑学中相类似的应用。我受希策布鲁赫的邀请
出席波恩的一个小型会议,在这个会议上格罗滕迪克第一次
阐述他的新理论,其时我正致力于探讨在位势理论中的应
用。初步的结果是令人鼓舞的,在处理所出现的代数问题时
我得到了我以前的老师约翰·托德的帮助。他处理此类问
题技巧很高,得到了一个漂亮而有效的结果。有了这个激励
人心的开端,一条更为系统的研究道路展现出来了,终于得
出了格罗滕迪克的 K-理论的纯拓扑学的描述,这是我和希策
布鲁赫共同完成的,该工作是建立在博特的关于旋转群拓扑
的周期性定理的基础之上的。凑巧的是,博特刚利用莫尔斯
理论证明了它的周期性定理,而这正是希策布鲁赫和我所需
要的。

拓扑学的 K-理论所涉及的是连续依赖于辅助参数的线性方程系统。虽然它很自然地出现在众多的场合，然而作为一种新的拓扑工具取得成功，却是戏剧性和出乎意料的。它很容易引向许多困难问题的解决，尤其是球面上的向量场问题的解决。这类几何问题，属于那种易于陈述却难以证明的问题，长期以来被视为是新的技巧的试金石，终于在 1962 年被亚当斯用 K-理论给解决了。对这类问题，K-理论所取得的成功也许最好用类比的方法予以说明。拓扑学家研究复杂的空间，试图将它们分成简单的构成区块予以分析，有点类似于化学家将分子分成原子来分析。不论怎样，这是传统的方法。在另一方面，K-理论从某些较大的但是熟悉的构成区块——旋转群——出发，利用它们进行分析。在我们的类比中，这可以同生物化学家作比较，他面对大的蛋白质分子，试图将它打碎成较小的氨基酸分子。这种方法比起完全的原子分析来虽然不够普遍，但是在实用上却更为有效。与此相类似，K-理论在解决拓扑学问题时并不是一个普遍适用的技巧，但它在实用上却是惊人地有效。

K-理论在拓扑学中所起的作用可以与群论中的线性表示所起的作用相比较。表示论——它仅仅只是抽象的对称性的几何实现——自然会在许多场合出现。然而，我们知道表示论也是研究群本身的一个非常强有力的工具。K-理论的情况与此很相似，事实上可以引入一个 K-理论和表示论的混合理论(称之为等变形 K-理论)。这个理论的产生和我的学生 G. 塞格尔(G. Segal)的工作相衔接,它在应用上非常有用。它还启发拓扑学中另一种"等变形"理论的形成,这在目前是一个相当活跃的领域。

尽管 K-理论作为拓扑学中的一个新工具取得了成功,它在代数几何学中并没有对希策布鲁赫和格罗滕迪克的工作作出圆满的推广。为了弥补这个缺陷,辛格和我最终于 1963 年提出了我们的指标定理。应用这个定理于椭圆型微分方程如同用希策布鲁赫定理处理线性方程的代数簇一样,加之代数函数是复解析的,满足柯西-黎曼微分方程(是椭圆型的),希策布鲁赫定理成为指标定理的一个特例。另外,许多有趣的椭圆型方程系统出现在很不相同的场合,特别是在黎曼微分几何中,从而指标定理有着广阔的应用领域。

在这里我想说的是,一个椭圆型方程的指标是一个数,它等于方程无关解的个数减去共轭方程的相应的数。这两个数都难以计算:它们对出现在方程中的系数的精确数值非常敏感。然而,它们的差,也就是指标,却稳定得多。指标定理用纯粹拓扑不变量给出了指标的显式。精确的公式还包含有著名的托德多项式,和希策布鲁赫定理的情形颇为相像。

辛格和我并非是做这个指标定理工作的仅有的数学家。一些分析学家,特别是美国的西利(Seeley)和苏联的阿格罗诺维奇(Agronovic)也着手研究这个问题,他们引入重要的分析概念,解决低维问题。此外,盖尔范德还写过一篇文章,论述计算指标的一般性问题。那时,斯梅尔正好路过牛津,他使我们注意到了这篇文章。这对我们来讲很重要。直到那时,辛格和我的精力放在了理论物理中经典的迪拉克方程的一类广义的椭圆系统上。盖尔范德的文章使我们意识到工作的领域应更广阔些。

然而最终看来,在某种精确的意义上,我们的特殊的迪拉克方程是基本的范例,并且由它而导出的方法也适用于一般情况。用拓扑的 K-理论的全部手段可得出迪拉克方程的基本性质。事实上,K-理论和指标定理在许多场合是并用的,并且还紧密地相联系。例如,博特和我利用从指标定理得出的一些概念给他的周期性定理以一个新的初等证明。

大约是在 1963 年后的十年内,我的大部分精力花在指标定理的各种推广、改进和新证明上。我举出其中最有意义的两项。首先是我和博特合作证明的不动点定理。众所周知,不动点定理在数学的各个不同的分支中都很重要。例如,布劳威尔(Brouwer)不动点定理断言每个圆盘到自身的连续变换必有一个不动点。对于更为复杂的空间,不见得会有不动点,但是莱夫谢茨证明了如何计算一个依赖于整体拓扑的量,它给出了不动点的个数。博特和我将这个莱夫谢茨定理推广到保留某个椭圆系统的变换。每个不动点按照变换在该点的旋转角加以"计量"。这个定理有些有趣的应用。例如,球面作一给定角度的旋转有两个不动点(北极和南极),在这些点处的角度显然都相重合了。我们的定理证明了同样的结论对任意维数球面上的任何有限阶变换成立。

我想讲的指标定理的第二个推广是同辛格和 V. 帕托第(V. Patodi)共同努力的结果,后者是优秀的印度数学家,却不幸于 1976 年仅 31 岁时就英年早逝了。在这项合作的工作中,我们研究了带有边界条件的椭圆型方程。经典的边值问题是众所周知的,并从狄利克雷(Dirichlet)起就研究了。然而这些经典的问题是局部型的,即它所包含的条件是在边界上的每点处指定函数和某些导数的值。辛格、帕托第和我研究某些非局部的边值问题。我们这样做是受到了几何的以及微分几何中的一些重要例子的启发。有趣的是,几年之后我们发现这些边界条件也与物理学中的某些情形相关联。我将在后面转到这一问题上来。

指标定理在数学的十分众多的领域中都有它的影响。它最早起源于代数几何和拓扑,还有微分方程,这已经能使它触及众多的课题了。在过去的十年中,抽象泛函分析有了长足的发展,它也受到 K-理论和指标定理的影响。最为著名的是道格拉斯、布朗和菲尔莫尔的工作,他们研究了和模紧算子相交换的算子系统的结构。他们的理论回答了有关线性算子的某些具体的经典问题。近来类似的想法应用到了算子的本质非交换代数上,看来 K-理论已经成为这一整个领域的一个重要工具。特别有意思的是,最近孔涅将这些概念和叶状结构的几何结合了起来。我相信这会引出许多结果。

指标定理的一个更为出乎意料的应用是在数学物理问题中。爱因斯坦的广义相对论将引力用几何的形式表示成时空的曲率,而目前基本粒子物理的规范场理论也有它的几何基础。由于规范场理论讨论的是量子力学问题,它有很多难题,目前我们还远没有一个十分令人满意的理论。然而很清楚,拓扑学在该理论中是重要的,对于迪拉克算子,指标定理的引入也是很自然的。我在前面提到的非局部边界条件在这类物理学中出现是正常的事。最后,两个整数——它们之差是指标——在某种意义上表示左旋和右旋的粒子数目。

规范场理论除了线性迪拉克方程外还从本质上包含了称之为杨-米尔斯(Yong-Mills)方程的一类非线性微分方程。出现在这个领域的另外一个惊人之处是这些方程的显解和一般解是使用代数几何的方法获得的。做这项工作的有我,还包括多位物理学家和数学家,特别是牛津的彭罗斯、沃德和希钦(Hitchin),莫斯科的马宁(Manin)和德林菲尔德(Drinfeld)。工作中虽然用到的代数几何方法是近代的,但最后得到的解却极为简单,并且易于为物理学家们所理解和掌握。在这个研究领域中,要做的工作还有很多,已有的数学家和物理学家之间的健康对话预示着会有一个美好的明天。

和物理学的相互作用产生的一个反馈是我和博特正在做着的一件工作：考虑二维的而不是物理学的四维的杨-米尔斯方程。我们惊讶地发现，从莫尔斯理论的角度来看待二维的杨-米尔斯方程，它给出了研究某些关于黎曼曲面，亦即代数曲线方面的老问题的一种新颖漂亮的方法。

从以上我的研究梗概可以清楚地看出我的数学兴趣从一个研究领域向另一个研究领域的移动，从代数几何开始而终止于理论物理。另一方面，这种改变不是随意的或是突然发生的，只是我所研究的问题引导我到了新的方向，常常这是一个与以前不相干的领域。然而不同的领域之间存在着有机的联系，所以我不必抛弃旧的概念和技巧——我带着它们一起进入新的研究领域。我讲过，在我研究经历的最后，我进入了理论物理领域时，我仍深陷在我最初的对代数几何的钟爱之中。事情就是这样，并没有什么戏剧性的事情发生。我已走过了一个广阔的领域。

从我的叙述中应该明白，我的绝大部分工作都是和数学同行们进行了密切而又广泛的合作才完成的。我发现这是做研究工作的最为适宜和令人鼓舞的方式。深奥而又难以理解的数学，由于相互交流而有了生气，变得活跃了。除此以外，我在多个领域从事研究工作，这也必须要同他人进行合作。有那么多的杰出数学家作我的朋友和合作者，这是我的幸运。当我刚获得博士学位，前往普林斯顿的高等研究所时，我就遇上了他们之中的大多数人，我想这不是偶然的，那里是数学人才的宝库，充满着激励人的新思想。作为一个急切渴望交友并扩大数学见识的年轻人，这真是一个妙不可言的机会。

最后，请允许我讲几句有关数学的哲学性的话。从所受的训练、工作经验和偏爱来看，我是一个纯粹数学家：我发现数学很漂亮，有不可抵御的魅力。然而，我看到它的重要性在于它在自然科学和社会科学中的应用，它依赖于真实世界中出现的问题和概念，并受到它们的推动。正因如此，我为我的工作近来使我接触到了物理学家而感到高兴，这在一个小范围内有助于加强数学家和物理学家之间的联系。

（姚景齐译；袁向东校）

20 世纪 80 年代的分析和几何[①]

引 言

高等科学研究所(I. H. E. S.)成立 25 周年纪念日显然是对数学作一个适当的总结的很特殊的机会。想要总结过去 25 年的数学是很有意思但是也是很困难的事。想要预见今后 25 年的数学就更有意思但是也更困难了。所以我的目标有节制得多,我将只讲一讲现在的数学,也就是 20 世纪 80 年代的数学。

事实上,正如我的讲题所指出的,我将集中在几何和分析的互相作用上。这当然是由于我的个人见解,但是对我这样选择讲题也还有更客观的解释。今年夏天我参加了华沙的国际数学家大会,当菲尔兹奖颁发以后,有一件事使我很震动,就是三位获奖者都是在几何和分析交叉的领域中工作的。这似乎表明这个领域当前在数学中产生了许多令人振奋的事,对于我选择这个题目也提供了一些理由。

[①] 原题:Geometry and Analysis in the 1980s。这是阿蒂亚 1983 年 10 月在法国高等科学研究所(I. H. E. S.)的讲话,后收入他的全集(1988)。

1983 年菲尔兹奖获奖者

现在我要简要地概述一下菲尔兹奖获奖者的工作,并分别加上一些评论。

孔涅　孔涅的主要工作是阐明了 II 型和 III 型冯·诺依曼代数的构造。泛函分析的这个分支受到了物理学思想的很大影响,但是也有其几何的侧面。构造 II 型或 III 型代数的标准方法是从一个遍历地作用于一个测度空间上的群(例如圆周上的无理旋转)开始的。

孔涅在他近期的工作中一直以大得多的深度研究这个几何侧面。他特别考虑了李群在流形上的以及更一般地在叶状结构上的光滑作用,并且把代数分析精密化了,使得能够考虑可微函数(而不仅是可测函数);出现了微分几何和泛函分析的内容丰富的融合,而且泛函分析与 K-理论和表现论有密切的关系。例如,吕埃勒(Ruelle)和沙利文(Sullivan)引入的可测叶状结构的实同调类(它是纤维化中纤维的通常的整同调类的推广)在孔涅的理论中起了很自然的作用,因为它定义了这个叶状结构的冯·诺依曼代数的迹。

这样把线性分析引进几何学是非线性有限维问题(几何问题)和线性无限维技巧的基本的联系,从经典力学过渡到量子力学也是这个精神。

丘成桐　丘成桐的工作一直是在以非线性偏微分方程求解几何问题这个经典的传统之中的。我将提到他的两个最重要的成就。其一是卡拉比（Calabi）猜想的解决。这个猜想的一个特例是三维复射影空间中的任意 4 次非奇异代数曲面都具有凯勒-爱因斯坦（Kähler-Einstein）度量。这一点应该看作平面三次曲线必有平坦度量这个经典的结果的推广。关于丘成桐的度量，除了它的存在以外迄今所知极少。进一步的研究似乎是重要的。

丘成桐的另一个成就是与 R. 舍恩（R. Schoen）共同解决了广义相对论中的正质量猜想。在服从爱因斯坦方程的宇宙里，只要这个宇宙是渐近平坦的，就可以定义整体的质量概念。但是事先并不知道它是否是正的。这个重要问题最后由舍恩和丘成桐解决了，他们使用了极小曲面方程。

有趣的是，E. 威滕（E. Witten）根据对旋量场的迪拉克方程进行研究而给出了第二个证明。因此这些方程是线性的，而极小曲面方程则是非线性的，威滕的证明在分析上更为初等。L. 格罗莫夫（L. Gromov）也曾在更加几何化的框架下用过这个概念，很清楚，旋量给出了一个有力的几何工具。

瑟斯顿　紧黎曼曲面的理论是以几何、拓扑和复分析的精巧的相互交织为基础的。瑟斯顿进一步提炼了这个经典的理论，特别是关于泰希米勒（Teichmueller）空间和蜕化性质的研究,并由此进而发展了一个给人深刻印象的研究三维流形的程序。主要的猜想是:任意三维流形都有一个"几何构造"。这大体上就是说它可以分成许多小块,而每一块都有一个局部齐性度量。这个猜想已经在一些重要情况下得证。这是经典的二维理论的一个深远的推广。

20 世纪 80 年代(甚至可能在 20 世纪 90 年代)的一个突出问题就是完全一般地证实瑟斯顿的猜想。寻找一个研究途径,它以巧妙地选择一个变分问题为基础,这是很吸引人的。证明一个这种类型的存在定理将最终成为一个分析问题,然而为了得到最好的提法,大量的几何直观是必要的。

四维几何学

除了以上所总结的以外,在几何与分析的交叉处一直都有令人激动的其他发展。里德曼和唐纳森合作的工作在四维几何学中产生了壮观的新结果。最值得注意的是,现在我们知道了,四维欧氏空间还有一个非标准的微分构造。准确些说,有一个微分流形 M^4 同胚于 R^4,但有一个奇异的性质,即它有一个紧集 K 不能被任何可微嵌入的 $S^3 \subset M^4$ 所包含。

这个结果清楚地表明四维几何学比任何人所曾设想的更为精微。或许这是因为黎曼曲率张量需要四个指标才能完全地展现出来,因而任何多余的东西都会使事情更容易一些。换个说法就是，在四维情况下，曲率的效应产生最大的"相互作用"。

设想未来的进展中会有瑟斯顿在三维情况下的工作和新近出现的四维的工作的某些综合，这样设想是合理的。说不定起点之一是考虑确能包含奇异紧集 K 的闭三维流形 $\Sigma^3 \subset M^4$（因为 $\Sigma^3 \neq S^3$）。应该研究 Σ^3，特别是它的基本群。

一个与此有关的大问题是决定一个给定的闭的四维拓扑流形是否具有不等价的微分结构。

我也应该指出，唐纳森的工作用到一些非线性偏微分方程。它是受到物理学的强烈影响的。唐纳森定理的基础——杨-米尔斯方程——就来自基本粒子物理学的模型。

唐纳森定理的一个很有趣的例子其实是涉及四次代数曲面的（在上述丘成桐的工作中引述过）。虽然上述四维流形拓扑是另一个流形 M^1 和三个 $S^2 \times S^2$ 的连通并，但在可微范畴中都不然，M^1 不能光滑化。

计算机的冲击

另一个与几何和分析有关并且吸引了许多人注意的现代研究方向是动力系统的渐近性态，特别是"奇异吸引子"的存在。与此密切相关的是研究映射的迭代，例如复平面用多项式的自映射以及相关联的朱利亚（Julia）集。所有这些工作的一个主要主题都是某些奇异对象(例如连续但处处不可微曲线)的出现以及越来越多地应用计算机以图了解这些现象。

瑟斯顿的工作中也有与此相类似之处,即与克莱因群相关的病态的集,在这里也广泛地使用了计算机。

弗里德曼的工作涉及了几何作图的无限次的迭代,这可能也是值得注意的。这可能意味着奇异 R^4 在无穷远处的性态也有与瑟斯顿的工作中出现的相似的"病态"。换个说法,这些奇异的 R^4 是自然地出现的。这也值得作一些研究。

虽然计算机在分析混沌性态时起了很大的作用,十分奇怪的是,它在完全相反的方向上也是十分重要的。某些类微分方程是出人意料地"可积"或"可解"的,而且有值得注意的"孤立子"解。孤立子的研究一直是过去十到二十年的一个主要的特点,而这首先是受到计算机上的数值工作的刺激。这个领域特别繁荣和活跃,因为范围很广的科学家和数学家——从做实际工作的电机工程师直到研究代数几何的纯数学家——都对它感兴趣。一些最早的例子来自微分几何,而紧李群的环路空间的几何现在在这一理论中起了重要作用。

在分析问题和几何问题互相交混的领域,环路群提供了一个无穷维几何的有趣例子。理论物理中还出现了其他的无穷维流形,整个领域有许多引人入胜的、细致的数学问题。

它们大都涉及发散量的规则化(如微分算子的行列式)。这个方向的工作在将来可能还会增多。

结束语

看一看几何和分析相互作用的这些领域,有几件事是清楚的。首先值得注意的是向经典问题和观念的返回:贝克隆德(Bäcklund)关于孤立子的工作,克莱因和李的几何观念,朱利亚的分析观念,还有就是从物理学中输入的本质性观念和问题。最后,精巧的计算机的发展和应用提出了一种新形式的刺激,它肯定将迅速增长。

从这个简单的总结可以清楚看到,几何和分析结合起来,正处于很健康的状况之中,而在整个十年内很可能是十分突出的。

(齐民友译;钟家庆校)

数学与计算机革命[①]

历史的回顾

1984 年的奥威尔年提供了一个极好的机会,使我们来关注人类的过去、现在和未来,特别是科学与社会之间不断变化着的相互关系。尽管奥威尔(Orwell)借助艺术手法尖锐地指出了许多为某种政治目的而曲解真理的所谓"双重思想"产生的政治危机,但在某些方面他却低估了科学的巨大变化给我们带来的问题。我们今天所面临的主要问题,无疑是世界上有许多原子弹以及人类摧毁自己文明的能力。但是,即使我们能够解决这些问题,也还存在着许多其他的挑战。在这些挑战中,最突出的就是计算机革命。

大家公认,我们现在正坚定地进行着的经济与社会革命,无论在规模还是在效益上都可以与工业革命相媲美。二者有许多明显的相似之处,同时也有重要的差别,例如,这种

---

① 原题:Mathematics and the Computer Revolution。本文译自:The Influence of Computers and Informatics on Mathematics and Its Teaching,Cambridge University ersity Press,1986:43-51。这篇文章取材于阿蒂亚教授于 1984 年 5 月在洛迦诺的会议上所作的题为"1984:未来的开端"的报告。这次会议是由瑞士提契诺州的公共教育部门和《机器和新文明》(Bologna)月刊共同主办的。

差别特别体现在发展速度方面。工业革命通常是以世纪为单位来划分阶段的,而计算机革命的进程则是以十年为单位度量的。由于人类的平均寿命并没有发生数量级上的变化,因而从社会学的分期标准看,计算机革命所产生的冲击力将更迅猛、更剧烈。相应地,社会适应这一革命也就更为困难。

由于我既不是经济学家也不是社会学家,所以还是让别人来详细阐明这种大家都看得到的问题及这些领域可能的发展前景。作为一个数学家,我的兴趣主要在于计算机革命的另一方面,就是计算机革命在根本上不同于先前发生的工业革命之所在。在十八九世纪,机器逐步代替了人们的体力劳动。而在 20 世纪后期,则是智力活动的机械化,现在是大脑而不是手正在成为多余物。这就意味着我们所面临的挑战是非同寻常的,因而简单地与过去类比就会误入歧途。

我确信,由计算机所带来的这种对人类智力的挑战,其影响将十分广泛和深远,尽管这方面的问题在目前还是刚刚出现。不仅如此,这种挑战绝不仅限于对数学,它最终将会渗透到人类活动的几乎所有方面。例如,我们看到"专家系统"已进入了诸如医学和法律等领域,医生和律师的作用不会以我们现在看到的样子毫无改变地进入下个世纪。在这方面,即使是科学幻想小说也很难与事实同步前进。

尽管就上述领域来预测思想与知识的计算机化是令人

振奋的,然而有两个理由使我把自己的讨论限制在数学方面。第一个也是最重要的原因在于我本人是一个数学家,所以我可以用亲身经历来谈论这个领域,而且对所论之点比较有把握。应该坚决杜绝不是专家而冒充专家的高谈阔论。我把注意力集中于数学的第二个原因是,至少在公众眼里,数学与计算机自然是密不可分的,虽然情况并非完全如此。

毫无疑问,计算机科学的早期发展与数学密切相关,一些著名的数学家就跻身于这门科学的开创者之列,比如图灵(Turing)和冯·诺依曼等人。更进一步说,在各种传统的基础科学中,数学的精神与计算机科学最为切近。事实上,人们有时开玩笑地说:计算机科学是在数学巢穴里孵育的杜鹃①,它的叫声并不令巢主愉快。

在教育领域,数学和计算机科学仍在携手前进,尽管目前已步履维艰。在大学里,计算和数学难以分离;在中学水平上的计算则几乎完全由数学教师讲授。

由于上述原因,我认为数学家有责任向一般社会成员解释并说明计算机革命向人类智力提出的挑战以及由此产生的危机。这就是今天我要讲的内容。正像我已经指出的那样,我将仅限于论述计算机对数学本身的影响。但我确信,

---

① 指不自营巢的杜鹃,它们将卵产于多种雀形目鸟类巢中,由巢主代为孵卵育雏。——译注

我将要说的许多事情在本质上与依赖智力进行研究的其他
领域有着某种联系。当然,我将请读者独立地判断我的这些
看法在多大程度上适合于你自己的学科或你感兴趣的领域。

最后我要说明的是,我的许多数学同行比我有更多直接
从事计算的经验。事实上,就计算技巧而论我仅仅是个新
手,但是我希望能在一个较高的层次上知道正在发生的事
情,并且希望我的理解与上述论题不会相距太远。

数学与理论计算机科学

我先来阐述数学在计算机的理论方面曾经并将继续发
挥的重要作用可能是适当的。毫不奇怪,数学中那些与计算
机理论相关的部分也反过来得到了巨大的刺激:一方面,计
算机科学通过提供卓有成效的研究方向而使数学获益匪浅,
同时随着计算机领域范围广阔的强劲发展也出现了一些危
险。我将在稍后的部分讨论这一问题。

历史上,为计算机提供理论基础的是数理逻辑。在本节
及全文中我仅涉及计算机的"软件"部分(用于计算机语言的
发展和使用),而不讨论计算机的"硬件"部分(计算机的物理
设计和结构)。当然,正是硬件技术的发展——精微硅板的
出现才导致了计算机革命。但是,这也再次强调了对更为成
熟、精致语言的需求,它们能充分地开发硬件的潜力。

人们在习惯上总是把数学家跟"证明"这一概念相联系。"证明"即由已知条件严格地演绎出各种结论。在 20 世纪前半叶,"证明"这个概念还意味着那些极为精致的分析方法。特别还有所谓的"构造性"证明的概念,即仅在有限个确定的步骤之后就得到所要求的结论。著名的"图灵机"就是假想的理想计算机,它可以执行上述构造性证明,而早期的计算机在实质上就是图灵机的具体实现。

人们必须给计算机下达精确的指令,数理逻辑则可以提供一种理论框架,据此来编制那些指令。随着计算机的功能日益强大,计算机语言也愈加复杂,出现错误的可能大大增加了。这里我所指的错误并不是机器产生的——机器是不出错的——而是指人们在发出正常的指令或将其转换成计算机语言时所产生的错误。于是数学中关于证明的思想又变得重要了——如何证明一个给定的计算机指令集合是正确的。

很清楚,这就使数理逻辑与理论计算机科学发生了关系,这也是受过数学中这一最抽象学科训练的学生能在计算机领域展露其才华的原因。

与构造性密切相关的概念是所谓的"算法"。用数学的语言说,这个概念就是指解决问题的确定的程序。例如,解一个方程的具体公式就是一个最简单的算法。假如数学家要使用计算机解决某个问题,他就要先给计算机一个算法。相对于计算机时间而言,算法有快慢之分(显然,人们在设计快的算法方面有了很大的进展)。因此,计算机的发展就促成了一门全新的数学分支——复杂性理论——的诞生。这个理论从本质上讨论一个算法的复杂程度,并粗略地告诉人们计算机要花多长时间可以给出问题的答案。

证明论和复杂性理论完全是由于计算机的需求而刺激出来或者说创造出来的一类数学的两个实例。一般说来,这类数学不同于那些应用于物理科学的数学。这是因为计算机的基础是开关电路,而开关电路又是由离散数学比如说代数学所描述的;而自牛顿时代以来,物理科学的数学基础一直都是微积分——它研究连续变化的现象。这已导致某些人产生如下的主张:传统讲授数学的方法太过于强调微积分了,这种做法在计算机时代必须果断地加以改变。

计算机对数学研究的帮助

上面描述了数学帮助计算机科学发展的方式,现在我来考虑事情的另一方面:计算机的出现与发展是以什么方式帮助和改变数学研究的面貌的。

计算机的第一种明显的应用与"算盘"一样简单。高速计算机可以出色地完成大量的重复运算,这使得原先那些由于太复杂而难以处理的问题现在都可由计算机直接给出其数值答案。计算机的这一用途帮助所有的应用数学取得了引人注目的成就,并且还意义深远地改变了我们对什么是数学问题的满意的解的观念。在没有计算机的时代,数学家为了得到某些问题的精巧的代数形式——比如代数表达式或三角表达式——的解而做异常艰苦的工作。现在,人们认为一个应用数学的问题得到满意的解答,是指你能找到一种算法,输入计算机后将给出你所要求的所有数值解。

然而并不是所有的数学都与数有关。例如代数所研究的就是一些符号表达式,它们既可以表示未知数也可以不表示未知数。再比如数理逻辑中的表达式就不表示任何数值的东西。现代计算机具有处理复杂的符号表达式的功能,这种功能已使计算机在某些数学领域中有许多成功的应用。例如,确定所有的有限单群、构造具有抽象对称性的区组等方面的工作都得到了功能强大的计算机的有效帮助。随着年轻一代数学家更多地接触微型计算机并掌握更多的计算机知识,应用计算机来研究与符号相关的课题将会有极大的发展。

与其他自然科学的情形一样,数学中的一个发现也要经几个阶段才能实现,而形式证明只是其中的最后一步。最初阶段在于鉴别出一些重要的事实,将它们排列成有具体含义的模式并由此提炼出看起来很有道理的定律或公式。接着,人们用新的经验事实来检验这种公式。只是到此时,数学家们才开始考虑证明的问题。

在前几个阶段中,计算机可以起作用了,特别是在考虑大的或复杂系统的时候更是如此。例如,在数论中一些有趣的问题往往要涉及大素数,现代对一些深刻的猜想的研究也正是基于计算机能做大量运算才得以进行的。同样,微分方程中的那些描述系统(比如液体流动)的长期演化问题的研究,一直受到由计算机发现的实验数据的巨大影响。

现代计算机的一大优点是它可以用图像来显示信息(甚至还是彩色的),可直到最近它才得到数学家们的充分肯定。对于具有几何特征的许多复杂的数学问题,计算机成为一种能揭示各种直观景象的极有成效的新工具。

总而言之,计算机正在数学家工作的所有阶段,特别是在探索和实验阶段,提供着十分实际和有效的帮助。历史上的许多大数学家,比如欧拉和高斯,为了给自己找到素材而不得不靠自己的双手进行冗长的数值计算。他们正是借助这些素材才推测出了具有普遍性的定律或者是发现了著名的模式。随着数学向纵深发展,以及我们变得更加雄心勃勃,所遇到的原始素材也相应地会变得更加凌乱和复杂。正是计算机可以帮助我们筛选这些素材并为我们指出进一步理解和前进的道路。

智力危机

几乎没有一项科学的进步是无弊端的天赐良物，计算机科学也不例外。在列举了计算机给数学家和其他人所带来的诸多好处之后，我想集中精力讨论我们可能面临的危险。我认为中心的、要害的问题就是计算机对人类智能的挑战：数学是将继续作为人类所作努力的最高形式之一而屹立于世，还是数学将逐渐让位于计算机呢？什么人会继续从事数学，又以什么标准来衡量数学的是非优劣呢？

为了讲清楚我对这一危机的理解，让我们考虑一件已经发生的事情，即用计算机解决了一个著名的长期悬而未决的数学问题。我指的就是四色定理。粗略地说，这个定理告诉人们，只用四种颜色即可给任何想象得出的世界地图着色而保证任何两个相邻的国家着有不同的颜色。这个上一世纪遗留下来的问题近来已被解决。它的证明要靠计算机对数百种情况进行检验。一方面，这是巨大的胜利，一个难题解决了。另一方面，从美学的观点来看，这又是非常令人失望的，因为从证明中看不出任何新的见地。

这就是今后的方向吗？将会有越来越多的问题要靠这种蛮力去解决吗？如果我们的前景确是如此，我们应不应该关心以此为代表的人类智力活动的衰败呢？或者说这种考虑根本就是陈腐之见，是跟不上时代"进步"的表现呢？

为了回答这样一个哲学问题，我们需要勇气并要搞清楚究竟什么才是数学和科学活动的本质和目的。通常的回答是：科学就是人类试图理解并最终可能控制客观世界的活动。但这却给我们带来了一个困难的问题："理解"这一概念是什么含义？我们能说"理解"四色定理的证明了吗？对此我持怀疑态度。

因此，对于那些觉得"理解"是带有过分的主观色彩和局限性的人而言，他们更喜欢以"描述"作为更有限的目标。诚然，我能够描述四色定理的这个证明，但在我的描述中仍不得不说明是"计算机验证了如下事实"。

随着计算机的使用范围的逐渐扩大，这种描述式的数学将如鱼得水。但是，我确信即使以这种中庸的"描述"标准去衡量，数学也将要萎缩而亡。实际上，数学是一门艺术，是一门通过发展概念和技巧以使人们更为轻快地前进从而避免靠蛮力计算的艺术。给数学家一台具有无限能力的机器来协助他计算，你就会逐步扼杀他内在的驱动力。我们至少可以证明（虽然有些勉强），如果在 15 世纪就使用了计算机，那么今天的数学就会可怜地瘦成皮包骨了！

经济危机

计算机除了带来一些微妙的无形的智力威胁之外,由于计算机对于整个社会而言有着极端重要的经济价值,所以还存在着许多明显而实际的危险。不可避免地,巨大的财政压力将迫使数学去研究那些与计算有关的新的方向。广义地说,人们更重视的将是离散数学而不再是研究连续现象的微积分。毫无疑问,这种压力有积极的一面,它将会刺激和产生数学的一些令人兴奋的新分支。但是,计算机革命的规模和速度会使许多经典的数学传统面临真正的危险而陷入泥沼。

表面上看,仅研究有限量和有限过程的离散数学比研究各种形式的无限性的微积分更容易也更简单。然而,征服并广为使用无限性是数学的最伟大的成就之一,微积分成了具有巨大能力和极为漂亮的工具。就此而言,纯粹的有限数学还未真正成为它的竞争者和对立物。事实上,许多离散现象的重要结果还是通过使用微积分才得到了最好的证明。

直到现在,分析无穷性的微积分学的中心地位仍然是无可争议的。这不仅指在纯数学领域,而且它作为数学在整个科学和工程中的应用的基础而言也是如此。微积分学课程一直为大学中的数学科学教育奠定着基础。然而,在近年来这一地位已出现了问题。人们要求降低微积分学在科学教育中的地位,而代之以与计算机研究关系更密切的离散数学的呼声日渐高涨。这些主张已在某种程度上成为事实,它代表了对于正在改变着的环境的必然反应。但是我预言,要求进行更带根本性变革所产生的压力可能是十分有害的,同时也是难以抵抗的。

或许在这个问题上我是太悲观了,可能离散数学与连续数学之间的界限并不像我说的那样分明。我们很习惯利用分得越来越细小的离散量去逼近一个连续量。这样,一条连续曲线可以用大量直线段去逼近。同样,这一过程完全可以反过来进行,即连续量可看作对离散量的逼近,只要步长都充分小。这样,就可以利用我们的来自微积分学关于圆周长的知识得到具有充分多条边的正多边形的周长的近似值。这就是说,随着计算机的威力日渐增强和它们所能处理的数值可以越来越大(或者说计算机每次运算所耗费的时间越来越短),微积分学仍会得到其正当的名誉和地位。

教育危机

众所周知,现代经济状况是传统的工业全面衰退,与此同时则是与工业有关的计算机业得到迅速的发展。这就是计算机革命在经济上的表现。自然,这意味着最好的就业机会都与计算机有关,这正在改变着整个青年一代的处世态度和理想。在中学和大学里,传统的课程不得不与计算机的吸引力和刺激性相竞争;与比较老的训练方式最切近的数学就更是首当其冲。这就是计算机革命对各层次学校的影响。在中学里数学教师首先感受到这种压力,他们现在不得不把学习计算机的有关知识作为一种附加的职责。这意味着数学教学活动正在蒙受苦难。由于组织工作和人员的原因,我们的教育机构只能进行缓慢的变化,计算机革命的迅猛发展将会使它们处于过度紧张的状态下而疲惫不堪。

甚至那些对数学比较关心的学生也会在两个方面受到影响。对于能力较强并且可能在较高等的数学领域从事创造性工作的学生而言,现在有了另一种吸引人的选择,即迈入一个处于开发阶段的领域,它为你的成名提供大得多的机会。这意味着和过去那些做出创造性工作的伟大智者,比如牛顿、高斯或黎曼一样的智者在将来就可能为计算机科学而不是为数学所吸引。因此,这对于那些完全依赖于智力的学科,无疑是最巨大的灾难。人们只能希望数学能依靠本身的力量和美,在将来仍然能够吸引大智之士,但愿他们没有被计算机科学勾引过去。

对于那些水平较低的学生而言,存在另外的危险。在他们的学习入门阶段,计算机甚至是那些精巧的计算器的广泛使用会导致如下看法:算术已不再是必备的技能。在只要一揿按键,答案就会出现在你的屏幕上时,你为什么还要去学习乘法表呢？这种现象与态度已在我们周围出现，因而关于在初等学校中使用计算器是利是弊的争论也就无休无止。随着价格的不断降低和用途的日益广泛，计算机将会涌入我们的学校，因而数学就必须在所有的层次上不停地为自己的正当地位辩护。

面对这些从实用主义观点对数学的攻击，明智的回答应该是：即使所有的工作都可以靠按键钮来完成，我们也必须教会儿童应该按哪个键钮。在最初等的水平上，他们必须知道什么时候按加号键，什么时候按乘号键。这意味着，必须更多地强调对所涉及的过程的理解，而少强调具体的常规的计算。这可以解释为是教育的一个进步，因为避免了令人生厌的烦琐计算，又提高了鉴赏的能力。然而，生活并不如此简单，过分地依赖机器会导致人类相应的能力的萎缩——比如汽车已不知不觉地降低了人们使用自己双腿的能力。近年来逐渐波及平民百姓的一种反作用力，或许会在某个时候使心算练习成为智力治疗的一种形式。

结　论

我一直试图使人们注意计算机的产生与发展对于数学的挑战与威胁。很抱歉，我们描绘的图景或许是过于消极了。不难看到，数学由于与计算机的结合而受益匪浅，所以我觉得不需要花很多篇幅强调这一方面。我的观点是：这些危机难以捉摸并且还远未被人们完全认识，因而就有必要在这方面作比较详细的讨论。搞清楚我们可能面临的危机是为了预先做好准备,这样就有希望阻止最坏情况的发生。作为本文的结束,我将再次指出,乔治·奥威尔并没有将他《1984 年》那本书当作预言,但他以动人的艺术夸张提出警告,如果我们不小心就有可能发生种种危险。

(陈冬生译;袁向东校)

鉴别数学进步之我见[①]

引　言

这次讨论会的目的是试图识别和验明在不同学科中衡量"进步"的各式各样的准则。这些准则很少被有意识地或以精确的方式阐述出来，它们大都以模糊的形式隐没于一门学科的总的文化环境之中，而且尽管有希望存在某些一致公认的总的原则，但任何试图澄清其细节的努力必定带有主观性，而且可能引起争议。

我认为与其自称知道数学界实际上有意或无意地采用着什么样的准则，还不如让我试着描述我的体会，讲讲这些准则应该是什么样的。同时我还将指出具体的困难、有争论的领域，以及我们在现在和将来所面临的陷阱与危险。

在深入讨论之前，我必须坦白地承认我是站在一种特别高的观点上来写的。数学是一门涉及面非常广阔的学科，它的一头以哲学为边缘，经过传统的纯粹与应用数学各领域，

①　原题：Identifying Progress in Mathematics。本文译自：ESF Conference in Colmar, Cambridge University Press，1985：24-41。

直到以统计学和计算方法为中心的新的应用。似乎不大可能有跨越这么广阔范围的一致的目标与行动。毫无疑问，"我们为什么搞数学"这一基本问题将引出许多相互抵触的回答。自然，我不可能来描述所有这些形形色色的观点。

我是个数学家，在纯粹数学的几个方面工作过，广泛接触过数学物理学，还朦胧地了解数学的广泛应用，我正是以这样的背景发表意见，并尽可能做到客观和公正。

数学的特殊属性

因为这是一个跨学科的会议，所以我想首先指出数学区别于其他科学和艺术门类的一系列结构性差别，这样做也许是有益的。这些差别具有多种内涵：有一些会产生特殊的问题和困难，另一些则具有真正的优越性。

数学的第一个奇怪特征是人们很难描述它，或者说很难给这个学科或它搞的内容下定义。物理学是关于物理世界的学问，生物学探索生命的奥秘，历史学讨论人类的过去，可数学是什么？提出这个问题绝不是为了诡辩，它能表明因完全不同的哲学态度和价值标准而出现的对数学特性与目标的认识的高度不确定性。当然，我以后还会谈到的这些根深蒂固的差异，通常是潜在的或下意识的。在技术细节的层次上，数学家倒很少产生严重的分歧。

数学的第二个也是人们相当熟悉的特征是其完美的逻辑演绎。希腊数学至今还依旧像 2000 年前一样有效,牛顿与莱布尼茨的微积分存在了 300 年而没有本质上的更改。就这两个实例而论,我们今天对它们的基础有了更好的理解,但其本质的真理性却从未受到认真的怀疑。与此相反,自然科学的理论却前途未卜:它们也许会像"燃素(phlogiston)"论或地球是平坦的观念那样被完全抛弃,或像爱因斯坦的引力理论替代牛顿的理论那样被修正与取代。

数学的这种特有的"终极性",让那些经常借助数学的思想与技巧来增加自己结论的分量的学科钦羡不已。虽然数学家看到自己的思想被如此有效地用到别的领域会感到满足,但总存在这样的危险,即数学的逻辑威望被用来支撑无根据的论证。事实上,数学的确定性与它跟现实世界的分离直接有关。一旦它被应用于解决现实中的问题,无论是物理学的还是社会科学的,其结论也就分享了实验数据或科学假设中所包含的不确定性。基于数学是可靠的这一信条而夸大数学应用的说法,大都会招致危险的后果。由于对大多数人而言,数学仍是隐没在神秘中的"黑色艺术",所以这种危险性更大。

数学的最后一个特点是它的独立性。与实验科学不同,数学不需要昂贵的仪器:它是一门便宜的学科。所需的一切只是笔和纸,甚至这也是可有可无的:阿基米德

(Archimedes)就在沙盘上画图！过去许多伟大的数学家在极为艰难的环境中创造出了他们的杰作；在现代，我们有勒雷的例子，他在战俘营中革新了现代拓扑学。即使与文艺类学科比较，数学所要求的也极有限：它并不需要藏有古代手稿的大容量的图书馆。而且，数学不像社会科学，它在很大程度上独立于政治与社会系统，它曾在各式各样的政体下蓬勃发展，并且还会继续繁荣昌盛。

这种与经济政治因素（相对）的独立性也有其缺陷和危险。它能导致数学在智力方面的完全孤立。事实上，我刚才描绘的图景只是幅白描画。现实中的数学通过它的各种应用并未与现实世界分离，它前进的速度仍有赖于政府基金，计算机是昂贵的，图书馆也起着不可或缺的作用。尽管如此，我仍相信数学与社会的关系在很多方面是独特的，我将在最后几节中更详细地讨论这种关系。

问题的作用

前面我已提到回答"什么是数学？"很困难。一种可能的回答是数学是解决"问题"的各种思想与智力技巧的集合体。这个回答看来不能令人满意，因为这又会引出"哪些类问题？"这样的疑问。然而，数学的本质在于：它研究的问题的原始素材几乎可以来自任何领域，重要的不是其实际内容而是形式。无论如何，不管你认为这个回答可信服或不可信服,但都不能否认解决"问题"在数学史中总是起着基本的作用。我想强调我现在使用的"问题"一词是在完全狭义的意义上理解的(如解下述方程……),而不是广义的包罗万象的术语。我将用一些例子来说明这一点。

我的第一个例子多少有些臆测。它涉及著名的毕达哥拉斯(Pythagoras)定理,即以 z 为斜边,x,y 为其他两边的直角三角形的一个公式:$x^2 + y^2 = z^2$。据推测,这个公式在早年可能用来回答这样一个问题:z 用 x、y 表达时的公式是什么?这个问题对几何的进一步发展所起的重要作用是显而易见的。它所代表的是一种需要克服的重大障碍物,许多数学问题都属于这一类。

另一种属于完全不同类型的问题(这次要讲历史上一个真实的问题),可用著名的费马(Fermat)"最后定理"来说明。它始于对上述毕达哥拉斯方程有整数解(如 3,4,5)的观察,进而有一个断言,更一般的方程 $x^n + y^n = z^n$(对任一 n 大于 2 的幂)没有正整数解。跟 $n=2$ 的情形不同,对 $n>2$ 的方程没有几何解释,而且,要求整数解(这使得它变成了一个数论问题)的限制改变了问题的性质。我们无法先验地看清楚费马的这个问题的重要性。事实上,它对数学的发展一直有着深远的影响。费马宣称得到了一个证明,但他没有地方把它记下来①！在过去 300 年里，许多世界上最好的数学家被这一貌似简单的问题的难度所吸引，致力于证明这个费马的"定理"，但只获得了部分成功。在他们奋力解决这个问题的过程中，引进了许多新的技巧与概念，它们已渗透到大部分数学之中。

于是费马问题扮演了类似珠穆朗玛峰对登山者（在成功登上之前）所起的作用。它是一个挑战，试图登上顶峰的企图刺激了新的技巧和技术的发展与完善。

我的最后一个例子，想讨论另一个著名问题：四色问题。它的（肯定的）解答断言：如果要求世界地图上的所有相邻国家都涂上不同颜色，那么四种颜色就够了。这个问题在提出的大约 100 年内无法解决。最近，通过大量使用计算机计算后终于解决了。然而，它对数学的影响很小。这个问题本身不是基本的，试图去解决它也未产生具有重要意义的一套技巧。看来它将被看作一件珍品而载入史册，它因是被计算机所解决的第一个非平凡的问题而出名（或蒙羞）。当然，如果未来某位年轻的数学家特意创造出一套辉煌的解决四色问题的理论，那又另当别论了。

这些例子提出了一些观点。一个问题可能自身具有基

---

① 据史载：费马是在阅读丢番图（Diophantus）的一本著作时，在该书的页边写下这一定理的，而且注明："我已发现一个真正奇妙的证明，可惜这里页边空白太少，写不下来。"——校注

本的重要性,它是进一步发展的道路上不可化解的障碍。在这种情形下,任何有关它的解答都代表了进步,都会被人们愉快地接受。然而,在很多情况下,并不能事先预测一个特殊的问题究竟有多重要。如果它很快就被标准的方法所解决,那它就没有多大意思。如果在长时间内用已知的方法都对它无能为力,并被列入经典问题的名单,那它就具备了作为挑战所需的潜在魅力。但是,正如四色问题所提示的,即使达到这种地位也不能保证它不落入虎头蛇尾的境地。判断一个"好的"问题的真正准则在于:在寻求它的解的过程中能产生新的有着广泛应用的强有力的技巧。费马大定理是这种意义下的好问题的典型例子。

在任何给定的时期内,数学都不乏各种类型的众多问题。通往解答的各个台阶,特别是那些包含了本质上是全新的思想的步骤,乃是数学进步的一种主要标志。这种观念已得到公认,因为所有的数学家,不管专业如何,他们本质上都是技巧熟练的艺人,器重用于解决长期未解决问题的技巧。

创 新

人们从不怀疑,创新在数学进步中是不可或缺的,它在各种判别准则中往往处于前列。这并不奇怪,因为数学几乎完全是理论性的,缺乏其他科学所具有的强大的经验基础。数学的进步并不是起因于实验工作、新技术的引进或是发现已被遗忘的手稿。它的进步必定发源自内部。

创新有多种形式,最普遍的是为解决问题而发明的新技巧。当然,从所有的数学工作者几乎每天都在迈出的小步伐直到需要本质上全新方法的大跨步,其创新的程度大有差异。那些更具根本性的变革常需引入全新的概念,并要求完全改变早先的观念。一个典型的例子是伽罗瓦关于 5 次及高于 5 次的一般多项式方程的不可解性(其解不能用平方根、立方根等表示)的工作。当 2 次方程及顺次而来的 3 次方程、4 次方程被成功地解出后,数学家们曾坚定地继续去解 5 次方程。伽罗瓦认识到这个问题的关键之处在于方程的 5 个解的对称性,从而证明了该问题是不可解的。于是他为有关对称性的一般理论奠定了基础(群论),这是所有数学概念中最深刻、影响最深远的概念之一。

像这种类型的根本性的创新通常源于试图解决一个难题。然而,还存在着与之一样重要的另一种类型的创新,即形成新的重要的问题。正如我前面指出的,在解决之前要预先估计一个问题的重要性并不容易,因而明智地选择问题需要深邃的洞察力。有时,问题是在研究过程中自然而然地提出来的:理论的内部结构及连贯性从本质上迫使数学家提出这些问题。另一种情形,则问题可能来自数学之外,来自邻近的科学门类。后面我还会谈到这个问题。

一般地,人们可以说数学的进步源于标准方法的不断应用,其间点缀着当新的概念和新的问题突然出现时所产生的惊人的突破。对任一具体的数学分支,其进步的速度在很大程度上取决于这种突破出现的频率。因此,数学这一机体的兴奋中心常常迅速地出人意料地从一个领域转移到另一个领域。例如,直到数年以前还相对沉寂的三维几何,由于普林斯顿的瑟斯顿的惊人发现而突然出现在数学的前缘。至于四维几何,最近牛津大学的唐纳森获得的突破已引起了广泛的注意,因为他用起源于理论物理的崭新方法解决了一个长期未决的问题。用我已说明的标准判别,它无论在哪方面都能得高分,看来它开辟了一个新天地。

在像数学这样结构严谨、组织完善的学科中,有着大量的路标与照明良好的道路引导游客。然而,沿着漫长而笔直的道路旅行是乏味的,所以数学家们极端重视不期而遇的转折处。说某项结果"令人惊奇",这是一种很高的赞誉。当预料不到的转折出现时,我们就意识到以前的理解的局限性,因而更深入地去探求新的解释。

一种特别令人激动的奇景是"反例"的出现。顾名思义,它是特别构造出来用以反驳先前某个公认的信念的例子。反例可能是完全否定型的:它们会指明在某个方向没有继续发展的可能。这本身是有价值的,因为人们可能会在寻找一个并不存在的"西北航道"上浪费过多的精力。更常见的反

例仅用于警示各种方法的局限性,其作用恰如为有胆量的水
手设立的灯塔。

美学成分

对行家来说,数学既是科学又是艺术;真与美同样得到
尊重。对门外汉来说,很难体验数学中美的概念到底美在哪
里,因而值得对它作一番解释。

大多数远离应用的数学家,特别是那些"纯"种数学家都
清楚什么是"漂亮的论证"。这是一种很高的赞誉,它表明该
论证文体优美,推理简洁,思路明晰,细节完美,形式对称,总
之给人一种深信不疑的感觉。自然,这些标准很少被完全达
到,是人们追求的一种目标,但它确实产生了强大的影响。
数学家们常感觉到一个领域比另一个领域更具吸引力,因为
他们发现它更美。他们会去寻求那些漂亮的方法,而竭力避
免那些笨拙的或丑的论证方法。

对于从事研究的数学家头脑中的这些主观上的审美标
准,无论怎样估价其重要程度都不会过分。这是推动他进取
的主要的内在动力,也使他在看待别人的工作时带上自己的
观点。数学界以外的人也许会问,数学不是一门科学吗?难
道没有更客观的标准了吗?在某种程度上,特别是在那些数
学与其他科学混合在一起的更具应用性的领域,答案当然是
肯定的。但是在大部分数学中,问题变得相当复杂。我乐于

解释为什么美学标准起着适当的作用。

数学的一个主要特征是它的普遍性,几乎知识的每一个分支都有可用数学来分析的一些方面。这种分析工作的第一步是集中注意力于某些专题,剥去所有无关的材料,把剩下的内容转换成适当的数学形式。这种工作的成功依赖于能否找到恰如其分的数学概念与表达形式,以及随后能否找出合适的分析与计算的有效技巧。所以搞出一套抽象语言,它具有适应多种可能的目的的灵活性与威力,就成为数学的本质特征。在这种抽象的世界中,简单性(simplicity)与美(elegance)获得了绝对的重要性。为了用一个古老而又熟悉的例子说明这点,我们仅需思考一下现在的十进制较之繁杂的罗马数字所具有的巨大优越性。只要用罗马数字做一个简单的长乘运算就能鲜明地证明十进制的简单、威力和美。同样,阿拉伯人引入的代数符号则是人们迈出的重要的又是走向出奇的简单的一步。

我正在试图阐明的要点是:发展简明扼要的论证对数学的进步是不可或缺的。从这个意义上讲,也许将数学与另一个跨越科学与艺术两界的领域——建筑学——相比是有益的。在建筑学中,同样有功能与形式两个方面的分歧。尽管这是一个合情合理的永恒争论的话题,但大多数人仍认为最好的建筑应是二者和谐的结合。

我前面已提到过事先预测一个具体问题的重要性是困难的。在这方面,对问题的选择和系统陈述可谓是一门依赖于单个数学家的直觉的艺术。毫无疑问,对于直觉而言,美学标准起着重要作用。

整体与破碎

由于数学真理的永久正确性,积累成了我们这门学科的特殊标记。每一逝去的世纪都在数学大厦上添加一层建筑,尽管后代可能对其中精美的细节失去兴趣,但没有一样东西会被完全抛弃。这是目前摆在我们面前的一个难以对付的问题,当展望未来时它甚至是个令人气馁的问题。我们怎样使这座知识的大山保持在某种控制之下呢?它会不会在自身的重压下坍塌和瓦解呢?

显然,这种大规模积累的一个后果是导致了专业化。在牛顿甚至是高斯的时代,数学家同时也是自然科学家。到20世纪初,仅有少数像希尔伯特、庞加莱和外尔这样的伟人才能说他们掌握了大部分数学。从那以后,专业化急速扩展,每一代人都有自己关注的越来越窄的焦点。

由于数学的应用领域不断扩大,这种分裂与破碎的过程加剧了。在外部需求的推动下,诸如信息论、控制论或流行病学这样全新的分支应运而生。现役数学家总人数的激增本身也助长了这种专业化:科学团体在其专门学科能独立养活自己而生存之前,需要保持某一临界的规模。

一定程度的专业化无疑是不可避免的,可能也是合乎需要的,但过了分就能变成灾难。对于数学而言尤其如此:数学存在的主要原因是它具有通过抽象过程将一个领域的思想转移到另一个领域的能力。况且,搞数学的最终理由与它的整体统一性密切相关。如果我们站在纯功利的立场上,承认数学因其有某些应用而立足,那么,整个数学就获得了一个使它得以保持为一个相互联系的整体的理论基础的能力。任何一个从数学主躯干上游离出来的部分都不得不以一种更直接的方式说明自己存在的理由。

使数学保持完整与统一的主要砝码是发展更精致、更抽象的概念。在最理想的情形,它们能帮助得到总体性的综合,使大量特殊事实成为某种基本原理的不同表现。在许多领域,这种办法一直十分成功。19世纪的数学在没有多大损失的情况下,已被吸收进更抽象的、更高的20世纪数学的观念之中。这说明现在的少数几个关键学科如群论(对称性的研究)、拓扑学(连续性的研究)和概率论(随机事件的研究)为什么会处于统治地位。

因此,新的概念是数学进步的基本要素,它帮助统一过去的工作并为进一步的研究扫清道路。从长远来看,它们与解决困难的问题或发展新技巧具有完全同等的重要性。实际上,真正多产的概念往往与相当具体的工作相关,并要经历一个较长时期才会出现。只是在偶然的情况下它们才会突然被创造出来。

幸运的是,还有其他一些因素也不时地帮助数学的统一。可能在传统的前沿领域非常偶然地产生新的突破。近年来在这方面的突出例子是"孤立子"(soliton)的发现。它们是某些非线性微分方程的十分特殊的解,具有许多值得注意的性质。它们在物理学与力学的许多分支中出现,因而得到了广泛的注意。在过去 20 年中,关于"孤立子"的理论工作以令人吃惊的方式与几乎所有的数学分支相互作用,它具有强大的统一作用。

这个例子还说明一个更一般的事实,那就是源于数学以外的问题并不总是与已有的专业分支完全吻合。数学与其他学科的相互作用有时候能阻止数学分崩离析。

应用数学

到目前为止,我主要在讲纯粹数学,偶尔涉及外部的应用。现在我必须重新调整我的重点。众所周知,数学具有广泛的应用,它为所有的物理科学提供了必不可少的语言与框架。归根结底,这是研究数学最初的也是最基本的正当理由。为什么数学不只是少数神秘人物的职业,而是教育与社会领域中的基本组成部分,道理也在于此。

当然这并不意味着只有可以应用的那类数学才是正当的。正如在所有的科学领域中那样，必须使在短期内强调有直接应用价值的问题与纯基础研究的长期战略保持平衡。从这个意义上说，纯粹数学跟其他科学中的纯理论研究并无根本的不同。也许它看来过分纯粹，其大多数内容远离所有的应用，但这正是应用的千变万化所带来的必然结果。

前面我讨论过"问题"在数学发展中的关键作用。它们可能是由数学自身产生的内部问题，也可能是源于其他领域的外部问题。这些外部问题对数学产生持续的附加刺激，而且从长远看，它们对数学保持活力是必不可少的。有时，这些问题与已有的数学框架吻合，此时我们的任务是技术性的：找出合用的工具以便求得解。然而，经常发生的是必须创造一个新的数学框架，其中的基本概念反映了真实世界中被研究的现象。于是，数学通过与其他领域的相互作用向深度和广度发展。

数学的应用在不同的领域有不同的形式与水平，依次对它们作一简短的评述也许是有益的。

（1）物理科学

数学与物理的关系极其深刻并已延续了许多世纪。数学的大部分内容，包括微积分在内，基本上是在与物理学和力学的联系中发展的。反之，当代的物理学正在使用某些最抽象的纯粹数学。从总体上讲,数学已被证明是研究物理学与工程学的相当成功与合用的钥匙。

（2）生物科学

在生物科学中的应用涉及诸如遗传学和种群增长等领域,还有由生物学的物理-化学基础所导出的一些领域。比较新的思想出现在形态发生学(morphogenesis)及大分子的几何性质等方面的问题中,但还不清楚数学在未来的生物学中到底有多重要。生物学也会像物理学在过去所做的那样产生自己的数学分支吗？我们应该虚怀若谷,并在鼓励创新的同时,保持某种健康的怀疑态度,这样做可能是明智的。在这些新的领域里,夸大数学的作用容易自食其果。

（3）社会科学

在过去50年里,统计学、运筹学及相关学科在社会科学中的应用,有了前所未有的增长。在许多方面,包括所投入的人力与财力,现在已经可以与数学在物理中的作用相提并论了。因为起步晚,所以它们与数学的联系还处在相当肤浅的水平上。这会带来一些潜在的危险,因为财政与经济的压力也许会将数学推到一个本质上不如传统领域那样多产的方向。

（4）计算机科学

在看待数学与计算机科学的关系时心情是十分矛盾的。像图灵与冯·诺依曼这样的数学家是早期发展计算机的卓越先驱,计算机语言使用了逻辑学也意味深长。而且,计算机对取得复杂方程组的数值解有着巨大作用。另一方面,计算机科学早就超出其原有的数学背景的影响范围。计算机革命的影响如此广泛,以至于数学有被它淹没的危险。当然这一切还没有发生,但我相信它在未来数十年中是对数学的最大的有潜在力的挑战。

与社会的关系

在所有的科学门类中,数学无疑是离那些一点也不知数学研究为何物的凡人最远的。对于门外汉,他会把数学等同于在学校中努力去掌握(常常不成功)的那些初等概念:算术、几何、代数,也许还有微积分入门。对他来说,这些都是枯燥无味的东西,没有一点生气。他很难想象它们是过去的人具体创造出来的,所以他也不能想象人们现在仍在继续进行类似的创造。

当然,门外汉会认识到数学是"有用"的,工程师、统计学家及其他科学家都在使用数学。然而,作为一门抽象的智力学科,数学有丰富的、独立的内涵。这种想法很难为外行所理解。于是数学家常被认为是令人敬畏与困惑的混合体。

数学家与外行之间存在着鸿沟这一事实,提出了十分严肃的问题。想给当代数学的适当部分以通俗的解释,以便架设一座沟通内外行的桥梁,虽然不是不可能的,任务也相当困难。这样做至多只能解决这个问题的皮毛。我认为,更根本的方法在于加强数学与所有数学能在其中起重要作用的学科之间的联系,作为同事的科学家就能更好地体会到数学的真正本性。虽然他们只能了解与他们的学科直接相关的那些内容,但这种样板能为他提供估量数学思想的价值的基准。

从长远来看,只有得到其他科学家(广义的)的支持才能确保数学与社会的关系处于健康的状态。即使纯数学家仍怀疑能从数学与应用领域的交互作用中获得智力利润(我已证明这些利润是名副其实的),他们也将出于自身的利益而强迫自己更重视搞应用的同事,这种趋势已非常明显。在20世纪60年代令人陶醉的膨胀之后,目前更强大的经济现实主义,正越来越把重点更多地转向数学的应用领域。我相信这是对过去无约束地放纵纯粹数学的有益修正。当然,向相反方向的过度倾斜也同样会产生危险。如果数学成为一门工具性学科,让一些驯服的数学家附属于一个个不同的研究集团,这种局面可能是使数学变得陈腐僵化的灵丹妙药。所以,如果想要保持数学的完整性,必须达到某种适当的平衡。

我在前面顺便提到过数学是一门便宜的学科,没有政府的大量基金也能进步(虽然也许会更缓慢些)。当然,这仅适用于具有潜在创造力的数学家不因经济与社会的压力而被诱入另外的职业。牛顿是一个伟大的科学家,但作为皇家造币厂的主管所作出的更具体的贡献很难达到同样的水平。计算机科学的成长及其吸引来的巨款资金似乎对数学产生了危险,这不仅是因为数学将缺乏资金,而且可能会把未来的潜在的"牛顿"们从数学中拉走。没有金钱还无碍大局,缺乏头脑就万事皆空了。

虽然整个社会也许并未意识到研究水平上的数学在如何发展,但它十分关注作为教育的一个主要部分的数学。社会确实需要大批会计算的人才,这种水平上的数学博得了普遍的尊重。让社会保持一种对教育的强大的建设性兴趣,并加强教学与研究之间的有机联系,数学家将能改善数学与社会大众的关系,并减少他们自身的孤立。

争　议

因为绝大多数数学是以带有"证明"的正规形式出现的,关于它的"对"或"错"很少会有令人担忧的争议。当然,确实发生过错误而且未被立即发现,还偶尔有些不完整的证明未能使数学界信服。这些情况相对而言很少发生,而且通常用不了几年误解都能消除。

在应用那一方面,常采用启发式论证,争论更普遍一些:典型的争论集中围绕着简化或近似是否有效,它们把复杂的现实化约为易处理的数学问题。此时，最终的检验是经验的：数学能与真实世界吻合吗？

严重的争论并不在于技术性细节而涉及其价值或意义。同样，在一个确定的领域内，存在共同的标准，其价值可用诸如难度、独创性、广度、优美程度和统一各种情况的能力这样一些准则来衡量。真正的争论发生在比较不同领域内的相对价值。如何比较代数的某个分支与分析的某个分支的重要性？有些人认为试图作这种比较性的价值判断是没有意义的（甚至是危险的），让每个人跟随他们自己的"北极星"吧！争论总会有，真理最终会占上风。这就是"不干涉主义"，或者你喜欢可叫它"学术自由"。

对这个观点还可以说很多。如说任何一项研究（在任何领域）的价值最终将由后人评判，这当然是正确的。遗憾的是，在现实生活中常常必须作出包括价值评判在内的决定：哪篇文章该发表，哪位研究生该得奖学金或谁应成为教授。一个可能的解决办法是给那些与外部世界有某种直接关联的研究课题加额外的分量。这是一个可以为人理解并且前后连贯的政策，但这给那些用途还遥遥无期的长期研究项目造成了危险，历史上不乏这样的例子。

我一直提倡另外一种观点，就是用对整个数学的影响来估计价值。这并非易事。因为对影响本身也常常得靠猜测来估价,但总归是确定了一种准则。况且,这个准则的特性有助于加强数学的统一性,并防止数学变得支离破碎。实际上,我认为应把重点放在与数学的某几个分支有关的工作上,这可以用描述民主决策过程的纯政治性术语来理解:如果有一个专家委员会,他们大概会支持那些看起来与委员会中好几个成员都相关的研究工作。

结束语

正如我着力指出的,鉴别数学进步的准则既微妙又复杂,在很多方面是这门学科所独有的。具有讽刺意味的是,以其思想的缜密与结论的精确而自豪的学科,却最难确定它自身价值的判别标准。也许这是海森堡测不准原理的另一翻版!

回顾我所列举的准则,我觉得也许没有给有压倒一切的重要性的质量以足够的强调。这最好用黎曼的例子来说明,他的全集只有薄薄的一卷,但他也许是从古至今最有影响的数学家之一。他的许多论文都开创了全新的领域,人们在他去世后的100年间一直在这些领域生气勃勃地开发与探索。其中最著名的一个为高维微分几何奠定了基础,并为爱因斯坦的广义相对论提供了基本框架。

最后,也许我应该强调目前的数学尽管历史悠久却仍然生气勃勃,十分健康。老的难题正在按部就班地解决,新的发展前景正在不断地展现。数学界几乎不存在不确定的东西，而且信心十足。我的绝大多数同事正忙于证明定理而无暇顾及我在这里所做的这种良心上的自我反省。

（虞言林，杜正东译；袁向东校）

物理对几何的影响[①]

　　摘　要　对物理学中最近的一些想法我给出一个综述，主要集中在它们对数学的影响。利用杨-米尔斯理论，唐纳森得到了四维流形上的结果而弗勒尔（Floer）得到了三维流形上的结果。V.琼斯（V. Jones）利用统计力学中的可解模型构造了纽结的多项式不变量，弦理论（string theory）在流形与模形式之间产生了一种新联系，所有情形都是量子理论同拓扑学联系在一起。

引　言

　　在过去的十年里，物理和几何之间的相互影响及其发展引人注目，这主要是由于物理学家们正在探索具有几何特征的、复杂的非线性模型作为基本物理过程的可能解释。自从引入了爱因斯坦的广义相对论以来，微分几何一直与物理紧密相关，不过最近的发展又具有一些新的特点。一方面，量

　　① 原题：The Impact of Physics on Geometry。本文译自：Scientifical Survey of the 16th Conference on Differential Geometrical Method in Theoretical Physics，1988：1-9。

子理论是相关的物理学(用于研究基本粒子等的)必不可少
的一个组成部分。另一方面,所需要的几何学也涉及整体的
拓扑性质。拓扑在物理中的第一次出现是迪拉克有名的支
持将电荷量子化的论点。现在我们所见到的实质上是迪拉
克最初想法的非交换情形的自然发展。

几何与物理的这种密切关系在两个方向上都有积极的
影响。物理学家已能采纳和使用深奥的数学想法和技巧,要
是没有这些想法和技巧,物理学理论的阐述会受到极大的阻
碍。反过来数学家也利用从物理上的解释得到的见解来开
辟几何上的新天地。

作为一个数学家,我对几何学家们利用来自物理学的想
法特别感兴趣,在这篇讲稿里我将讲述一些已出现的引人注
目的结果。至于物理学家是如何利用数学的想法,我将把这
个问题留给物理学界的其他演讲者去讲述。

也许我应该一开始就提请大家注意威滕大约 5 年前所写
的一篇重要的文章[12]。这篇文章在数学界很有影响,我将讲
述的许多想法都来源于威滕的这篇文章。对于对这个领域
有兴趣的人们,我大力推荐以研究这篇文章为起点。

在量子场理论中物理学家们对两个基本原型做了广泛
的研究。这两个基本原型是四维的杨-米尔斯规范理论和二

维的非线性 σ 模型（sigma models）。前者是标准弱电（electroweak）模型和量子色动力学（quantum thromodynamics）的基础，而后者虽然当初是作为"玩具"模型来研究的，现在却是弦理论中基本的第一步。说来很有趣，这两种类型的理论在几何上都有重要的应用，这一点我将会作出解释。

在参考文献[12]中威滕解释了超对称量子场理论和拓扑之间的关系，事实是通过这些超对称模型才产生了几何上的应用。粗略地讲，一个超对称理论的基态（ground states）给出了一个适当类型的"同调群"，这些同调群在下面的意义是超对称模型的拓扑不变量：它们独立于像黎曼测度这样的辅助量。正如威滕所解释的那样，我们应把这看作在适当意义下的无穷维的霍奇理论。

在第 2 节中我将简短地讲述一下由唐纳森以及近来由弗勒尔发展得蔚为壮观的杨-米尔斯理论，接着在第 3 节中我将谈一谈"椭圆亏格"，这个题目将由希策布鲁赫在其演讲中较详细地展开，最后在第 4 节中我将提及琼斯有关纽结多项式不变量的令人兴奋的新结果。

杨-米尔斯理论

正如现在大家所知道的那样，唐纳森利用杨-米尔斯瞬子（instanton）证明了四维几何中许多令人注目的结果[5]。回

忆一下：如果 P 是一个四维紧黎曼流形 X 上的主 $SU(2)$-丛，则 P 上的一个联络 A 定义了一个曲率 F_A，而杨-米尔斯的拉格朗日（Lagrange）泛函是 $\int_X |F_A|^2$。一个瞬子是一个使得拉格朗日泛函取得绝对最小值 $8\pi^2 k$ 的联络，这里 k 是 P 的二阶陈类。

对于给定的 k，X 上的瞬子由空间 $M_k(X)$ 参数化，这个空间依赖于 X 上的已有的黎曼度量，是一个带有奇点的流形，一般来说是非紧的。唐纳森从 $M_k(X)$ 中提取出不依赖于 X 上的度量的信息，特别地，在对 X 作适当限制时，他定义了 X 的一些数值不变量，它们只依赖于 X 的微分结构。利用这些不变量他证明了一些引人注意的定理，例如，一个单连通的复代数曲面不可能分解为（非平凡的）可微的连通和。由吹开（blowing-up）（双有理变换）产生的那种分解称为"平凡"分解。有关细节请看参考文献[5]和[6]。

物理学家引入瞬子（四维球 $S^4 = R^4 \bigcup \infty$ 上的）是因为它们在计算杨-米尔斯理论中欧氏范曼（Feynman）积分时很重要，当时唐纳森使用它们使人大吃一惊，在那时唐纳森的工作在物理上的意义是非常不清楚的。最近弗勒尔[7]发展了唐纳森想法的一种变形，它较之原来大为接近物理学。从本质上来说弗勒尔是利用了一个哈密顿（Hamilton）三维空间方法而且紧跟威滕文章[12]中的想法。

弗勒尔从一个假定为同调球即 $H_1(Y,Z)=0$ 的紧定向三维流形 Y 开始,接着他考虑 Y 上的基本群的非平凡表示 $\pi_1(Y)\to SU(2)$,这些给出了 Y 上的平坦 $SU(2)$-丛,这些丛在物理上可解释为杨-米尔斯真空(vacua),这些真空之间的量子隧道(quantum-tunnelling)被用来构造(适当意义下的)量子基态。正如参考文献[12]中所解释的那样,在这种逼近中只有"邻近"的真空之间的隧道是一定要用到的。通过考虑 $Y\times R$ 上在 $t\to\pm\infty(t\in R)$ 时连接 2 个真空的瞬子,可以将这样的隧道计算出来,"邻近"的意思是指只使用到 $k=1$ 时的瞬子。

沿着这些线索弗勒尔定义了同调群 $HF(Y)$,这些同调群是 Y 的不变量,它们被模 8 的整数分次(graded)。如果 X 是一个沿着一个三维流形 Y 切成 2 片的紧四维流形,那么 X 的唐纳森不变量同弗勒尔群有关。

若需要此理论较为详细而从容的描述,请看参考文献[1]。

1988 年元月所加的注记:

自从我在意大利的科莫演讲以来,威滕找到了一个适当的杨-米尔斯超对称扩张,在这个扩张中唐纳森不变量可直接表示为范曼积分,在这个模型中同弗勒尔群的关系也是清楚的。人们有理由希望唐纳森的工作所建立的这个新基础会在物理学中有所反馈①。

流形和模形式

流形 M 上迪拉克算子的指标理论的热方程证明可利用闭道路空间(loop space)上的积分给出。正如威滕所指出以及在参考文献[2]中详细说明的那样,这个证明可以利用超对称量子力学得到很优美的解释,这种观点已得到广泛的探索和研究。

类似地,从粒子转到弦上来,人们可以考察闭道路空间上的迪拉克-雷蒙德(Dirae-Ramond)算子指标,这个指标可用二维环面到 M 的映射组成的空间上的积分重新给出。这导出了迪拉克-雷蒙德算子指标的一个附加的"对称",也就是说:它是一个关于群 $SL(2,Z)$ 的模函数。

事实上种种的近点角(anomaly)要求对前面的叙述做一点点限制,例如为了使 M 的闭道路空间形式上是旋流形(spin manifold),因而迪拉克-雷蒙德算子存在,则要求 M 的

---

① E. Witten,Topological quantum field Theory. Commun. Math. Phys. ,1988,117: 353-386.

第一个庞特里亚金(Pontryagin)示性类为零。

这种基本想法有一些变体和推广,详情请看威滕[11]或本卷中希策布鲁赫的讲稿①。

除了给这种"椭圆亏格"的模性质(modularity)提供一个自然的解释外,威滕的方法也导出了一个消除定理的证明,这个消除定理是参考文献[4]中的那个定理的推广。在适当的假定下威滕证明了椭圆亏格对于 M 上的圆作用(circle action)是常数,这实际上是一个关于典型有限维类型的 M 的示性类不变量的定理。然而威滕的证明以一种基本而又明晰的方式用到了无限维闭道路空间,关键的地方是两个圆(几何上作用于 M 的圆和"圈"圆)可以用一种适当的方式组合在一起。

陶布斯(Taubes)[10]对威滕的形式讨论做了很严密的叙述。

1988 年所加的注记:

博特和陶布斯进一步分析了参考文献[10]中的证明,给出了在精神上类似于参考文献[4]中的叙述,本质上的差别在于用椭圆函数代替了有理函数,而且仍然使用了威滕将两

---

① F. Hirzebruch,Elliptic genera of level N for complex manifolds. Diff. Geom. Methods in Theoretical Physics,Kluwer Dordrecht,1988;37-63.

个圆组合起来的技巧。虽然这个证明很初等,但若没有威滕
提供的物理背景,它会让人颇为困惑的。

纽结不变量

几年前琼斯[8]由于给出三维空间中纽结和环绕(link)的
令人注目的新多项式不变量而震惊了拓扑学家们。这个不
变量表面上类似于人们五十多年前就知道的典型亚历山大
(Alexander)多项式,但它是独立于后者的,而且可用来将某
些纽结同它们的镜面像区分开来。

琼斯在研究冯·诺依曼代数时偶然发现了他的不变量,
现在看来在琼斯多项式和二维物理学之间存在几个重要的
联系。最先的琼斯方法,虽以辫子群的表示为基础,却显得
与共形场(conformal field)理论有关。较新的方法将纽结的
平面投影作为统计力学模型来处理。如果这个模型满足杨-
巴克斯特(Yang-Baxter)关系,那么它在某种意义下是可解
的,则这个模型的分解函数(partition function)实际上给出了
一个纽结不变量,这在弗勒利希(Fröhlich)的讲稿中有详细
叙述①。

杨-巴克斯特方程理论得到广泛的发展,现在从这个理论

---

① J. Fröhlich,Statistics and monodromy in two-and three-dimensional quantum field theory.

看来,最初的琼斯多项式只是整个纽结不变量序列中的第一个。

这个课题仍有待进行更彻底的探索,另外提供有关三维拓扑信息的这种理论是以何种方式与第 3 节中所描述的弗勒尔理论有关是一个让人感兴趣的问题,在参考文献[1]中提出了支持这样一种联系的论据。

1988 年元月所加的注记:

威滕的一些受到宇宙弦(cosmic string)启发而产生的新想法,目前正在仔细研究①。

参考文献

[1] Atiyah M F. New invariants of 3- and 4-dimensional manifolds[J]. Amer. Math. Soc. Symposia in Pure Maths. ,1988,48.

[2] Atiyah M F. Circular symmetry and stationary phase approximation(Proceeding of the conference in honour of L. Schwartz)[J]. Soe. Math. France,Astérisque,1985,131:43-60.

[3] Atiyah M F,Bott R, Patodi V K. On the heat equation and the

---

① E. Witten,Quantum field theory and the Jones polynomial,Commun. Math. Phys. 1989, 121:351-399.

index theorem[J]. Invent. Math. ,1973,19:279-330.

[4]Atiyah M F, Hirzebuch F. Spin-manifolds and group ac-

tions. Essays on topology and related topics(dedicated to G. de

Rham)[M]. Berlin-Heidelberg-New York:Springer, 1970.

[5]Donaldson S K. The Geometry of 4-manifolds. Proceeding of

the International Congress of Mathematicians [M].

Berkeley, 1986.

[6]Donaldson S K. Polynomial invariants for smooth 4-ma

nifolds[J]. Topology(to appear).

[7]Floer A. An instanton-invariant for 3-manifolds,Com-

mun[J]. Math. Phys. ,1988,118:215-240.

[8]Jones V F R. A polynomial invariant for knots via von Neu-

mann algebras[J]. Bull. Amer. Math. Soc. , 1985,12:103-111.

[9]Jones V F R. Hecke algebra representations of braid groups

and link polynomials[J]. Ann. of Math. , 1987,126:335-388.

[10]Taubes C H. S^1 actions and elliptic genera[J],preprint.

[11]Witten E. Quantum field theory,Grassmannians,and algebraic

curves[J]. Commun. Math. Physics,1988,113(4): 529-600.

[12]Witten E. Supersymmetry and Morse theory[J],J.

Diff. Geom. , 1982,17:661-692.

（熊剑飞译；李培信校）

附录　阿蒂亚简历

1929	生于伦敦
1952	获英国剑桥大学学士学位
1955	获英国剑桥大学博士学位与莉莉·布朗
	(Lily. Brown)成婚(后得三子)
1954—1958	剑桥大学三一学院博士后
1957—1958	剑桥大学助教
1958—1961	剑桥大学讲师,
	并任剑桥彭布罗克学院教职
1961—1963	牛津大学副教授
1963—1969	牛津大学萨维尔几何教授
1969—1972	美国普林斯顿高等研究所
	数学教授
1973—1990	英国皇家学会研究教授,
	并任牛津圣·凯瑟琳学院教职
1990—1997	剑桥三一学院院长
1990—1995	英国皇家学会会长
1990—1996	剑桥牛顿数学科学研究所所长

数学高端科普出版书目

数学家思想文库	
书　名	作　者
创造自主的数学研究	华罗庚著；李文林编订
做好的数学	陈省身著；张奠宙，王善平编
埃尔朗根纲领——关于现代几何学研究的比较考察	［德］F. 克莱因著；何绍庚，郭书春译
我是怎么成为数学家的	［俄］柯尔莫戈洛夫著；姚芳，刘岩瑜，吴帆编译
诗魂数学家的沉思——赫尔曼·外尔论数学文化	［德］赫尔曼·外尔著；袁向东等编译
数学问题——希尔伯特在 1900 年国际数学家大会上的演讲	［德］D. 希尔伯特著；李文林，袁向东编译
数学在科学和社会中的作用	［美］冯·诺伊曼著；程钊，王丽霞，杨静编译
一个数学家的辩白	［英］G. H. 哈代著；李文林，戴宗铎，高嵘编译
数学的统一性——阿蒂亚的数学观	［英］M. F. 阿蒂亚著；袁向东等编译
数学的建筑	［法］布尔巴基著；胡作玄编译
数学科学文化理念传播丛书·第一辑	
书　名	作　者
数学的本性	［美］莫里兹编著；朱剑英编译
无穷的玩艺——数学的探索与旅行	［匈］罗兹·佩特著；朱梧槚，袁相碗，郑毓信译
康托尔的无穷的数学和哲学	［美］周·道本著；郑毓信，刘晓力编译
数学领域中的发明心理学	［法］阿达玛著；陈植荫，肖奚安译
混沌与均衡纵横谈	梁美灵，王则柯著
数学方法溯源	欧阳绛著

书 名	作 者
数学中的美学方法	徐本顺,殷启正著
中国古代数学思想	孙宏安著
数学证明是怎样的一项数学活动?	萧文强著
数学中的矛盾转换法	徐利治,郑毓信著
数学与智力游戏	倪进,朱明书著
化归与归纳·类比·联想	史久一,朱梧槚著

数学科学文化理念传播丛书·第二辑

书 名	作 者
数学与教育	丁石孙,张祖贵著
数学与文化	齐民友著
数学与思维	徐利治,王前著
数学与经济	史树中著
数学与创造	张楚廷著
数学与哲学	张景中著
数学与社会	胡作玄著

走向数学丛书

书 名	作 者
有限域及其应用	冯克勤,廖群英著
凸性	史树中著
同伦方法纵横谈	王则柯著
绳圈的数学	姜伯驹著
拉姆塞理论——入门和故事	李乔,李雨生著
复数、复函数及其应用	张顺燕著
数学模型选谈	华罗庚,王元著
极小曲面	陈维桓著
波利亚计数定理	萧文强著
椭圆曲线	颜松远著